智能交互设计

U0150188

用户参与式设计

——智媒体手势交互创新实践

武汇岳 著

电子工业出版社

Publishing House of Electronics Industry

北京·BEIJING

内 容 简 介

本书系统地介绍了用户参与式设计的相关概念、理念与方法流程、赋能技术、评估方法和典型的应用案例。全书分为 7 章，各章节之间既互相关联又自成体系。

本书秉承从实践中来到实践中去的宗旨，一方面通过实际项目案例践行用户参与式设计的前沿理论和先进方法，另一方面又在实践中发现新的可用性问题，并针对这些问题提出有效的解决方法，对丰富和扩展当前的用户参与式设计理论、方法及应用实践将会产生积极而重要的影响。

本书对于那些想深入挖掘用户参与式设计领域相关知识，以及想进一步了解用户参与式设计方法的学生、研究人员和业界设计师都非常具有吸引力，可以满足学术界和产业界不同读者的需求。

图书在版编目（CIP）数据

用户参与式设计：智媒体手势交互创新实践 / 武汇岳著. —北京：电子工业出版社，2022.11
（智能交互设计）

ISBN 978-7-121-44437-1

Ⅰ. ①用…　Ⅱ. ①武…　Ⅲ. ①人-机系统－系统设计　Ⅳ. ①TP11

中国版本图书馆 CIP 数据核字（2022）第 193757 号

责任编辑：曲　昕　　文字编辑：康　霞
印　　刷：三河市君旺印务有限公司
装　　订：三河市君旺印务有限公司
出版发行：电子工业出版社
　　　　　北京市海淀区万寿路 173 信箱　邮编　100036
开　　本：787×980　1/16　印张：12　字数：248.8 千字
版　　次：2022 年 11 月第 1 版
印　　次：2022 年 11 月第 1 次印刷
定　　价：98.00 元

凡所购买电子工业出版社图书有缺损问题，请向购买书店调换。若书店售缺，请与本社发行部联系，联系及邮购电话：（010）88254888，88258888。

质量投诉请发邮件至 zlts@phei.com.cn，盗版侵权举报请发邮件至 dbqq@phei.com.cn。

本书咨询联系方式：（010）88254468，quxin@phei.com.cn。

序

人机交互的一个主要研究目的是提供以人为中心的系统设计方法论，使系统和产品能够更好地满足用户功效性和情感性的需求，提高用户与计算机之间的交互质量和用户体验。

在智能时代背景下，新型的智能交互产品层出不穷，智能手机、智能汽车车载信息系统、智能可穿戴设备、虚拟现实、增强现实、智能家居等新型的智能终端蕴含着巨大的新兴产业应用潜力，迫切需要开展面向智能交互产品的智能交互设计与技术相关研究。然而，智能交互设计与技术并没有因为信息技术所取得的成就而得到同步发展。与此同时，智能时代下应用场景的变化又带来了一系列新的问题，传统交互设计和人机交互的理论体系无法很好地适应这些新需求，给交互设计和人机交互领域提出了巨大的挑战。

人机交互的最新进展是从图形人机交互到自然人机交互，手势是人们常用的交流手段，实现手势采集和识别的软硬件技术日趋成熟，手势交互成为自然人机交互的重要方式。手势设计是提高手势交互用户体验最重要的阶段。

用户参与式设计是实现以人为中心计算的重要技术。

本书概述了用户参与式设计的新思想和理论方法，基于作者在人机交互和交互设计领域积累多年的第一线教学经验与科研成果，融合了人机交互、交互设计、用户行为科学和统计学等相关学科的专业知识，总结得出了一套成熟有效的用户参与式设计方法，并将之应用在智能双屏手机、智能汽车、Web 信息导航、沉浸式 VR 购物等几个典型的应用领域，同时本书还对设计师及用户之间的关系等问题进行了深入思考和讨论。

衷心希望本书所介绍的一些原创性研究工作和在智能产品设计领域中的探索创

新，能够为交互设计的科研工作者和应用开发者提供重要的理论和方法支持，积极推动未来人机交互的发展。

戴国忠

北京，中国科学院软件研究所

2022 年 5 月 17 日

近年来，用户参与式设计（Participatory Design，PD）得到了全世界的广泛关注并被应用到了很多智能产品设计领域。它作为一种新的设计思维方式，强调目标产品的使用者或者潜在的用户在产品设计流程中的全面参与性，使得用户的意见和偏好能够在他们最终使用的产品中得以体现，从而不断地提高产品的可用性和用户满意度。与此同时，尽管已经涌现出了很多参与式设计方法，但是目前尚没有形成统一的标准和设计规范。很多交互设计从业者在面对新产品或新技术设计时，却发现存在很多可用性问题而无法直接套用这些现有的方法，在很多情况下显得束手无策。因此，产学研界迫切需要一本指导用户参与式设计实践的教程和参考书，本书正是在这样的背景和需求之下应运而生的。

本书凝聚了作者在用户参与式设计和智能手势交互领域多年的项目实践经验和最新研究成果，融合了国际前沿的理论方法与设计体系，全面系统、深入浅出地介绍了用户参与式设计的思维和方法。重要的是，本书还提供了各种翔实而有趣的案例来说明用户参与式设计的最佳实践。本书对于那些想深入挖掘用户参与式设计领域知识及想了解特定参与式设计方法的学生、研究人员和业界设计师都具有吸引力，可以满足学术界和产业界不同读者的需求。

全书共 7 章，各部分内容之间既互相关联又自成体系。第 1 章作为全书的总领，系统地介绍了用户参与式设计的相关概念、理念与方法流程、赋能技术、评估方法和典型的应用领域等内容。第 2 章提出了一套通用性和实践性较强的基于框架的用户参与式设计方法，有助于智能交互设计领域的实践者全面把握整个用户参与式设计流程并有效评估各个阶段的产出结果。第 3 章讨论了用户参与式设计中的文化因素，包括文化差异和文化认同对设计方案的影响。第 4～7 章详细地介绍了作者在用户参与式设计领域的几个非常有代表性的项目实践案例，包括面向智能双屏手机、智能汽车、Web 信息导航、沉浸式 VR 购物等领域的用户参与式设计。

从第 4 章起，每一章都是一个独立的设计案例，但是每一章却又针对和解决了用户参与式设计实践过程中的不同难题，这些问题在目前已有的以用户为中心的设计和用户参与式设计领域中很少或根本没有被提及和讨论过，但是却又对当前的用户参与式设计理论、方法以及应用实践产生了深远的影响。

秉承从实践中来到实践中去的宗旨，本书一方面通过实际的项目践行了用户参与式设计的先进理论和方法，另一方面又在实践中发现了新的可用性问题并针对这些问题提出了有效的解决方法，可以作为对已有的用户参与式设计体系和理论框架的有益补充和扩展。

本书的完成要感谢我的博士生导师中国科学院软件研究所的戴国忠研究员和美国宾夕法尼亚州立大学信息科学与技术学院的张小龙副教授，他们在本书的选题、研究内容和方法以及写作等诸多方面给出了非常专业的指导意见。感谢电子工业出版社的编辑，本书的顺利出版得益于他们的辛苦付出。

特别感谢我的爱人王宇。本书中的很多内容和创新设计方法都是在跟她不断讨论之中逐渐完善的。同时感谢所有家人一直以来的支持和陪伴！

本书的出版得到了国家自然科学基金面上项目（No.62272500）和广东省自然科学基金面上项目（No.2021A1515011990）资助，在此对国家自然科学基金委员会和广东省基础与应用基础研究基金委员会表示衷心的感谢。

尽管作者已竭尽全力，但仍恐书中有所疏漏和不足。本人非常诚恳地接受广大读者的批评和建议，争取不断完善本书的内容，并进一步提高质量以飨读者。

武汇岳

广州，中山大学

2022 年 10 月 9 日

目录

CHAPTER 02

基于框架的用户参与式设计方法

CHAPTER 03

用户参与式设计中的文化因素考察

CHAPTER 04

面向智能双屏手机的用户参与式设计

CHAPTER 05

面向智能汽车的用户参与式设计

CHAPTER 06

面向 Web 信息导航的用户参与式设计

CHAPTER 07

面向沉浸式 VR 购物的用户参与式设计

01 用户参与式设计

近年来，用户参与式设计方法得到了广泛应用，越来越多领域的专家运用用户参与式设计方法进行智能产品或数字内容的设计创新，取得了极大的成功。本章我们对用户参与式设计方法进行梳理和讨论，主要内容包括用户参与式设计相关的概念与术语、设计方法与常规流程、各种赋能技术以及设计方案的评估。

用户参与式设计方法尽管应用广泛，但目前没有统一的标准和设计规范可循，设计方法和流程具有一定的可变性和模糊性，因此，我们进一步讨论了目前尚未探索和解决的设计问题和可能的改进之处。

1.1 相关概念与术语

以用户为中心的设计（User-Centered Design，UCD）。UCD 方法通常将用户作为研究的客体，通过使用常规的问卷法、结构化或半结构化访谈法以及焦点小组等方法了解用户对产品的需求和期望。

用户参与式设计（Participatory Design，PD）。近年来，用户参与式设计方法逐渐兴起并得到了广泛的应用。与 UCD 方法不同的是，这种方法倡导用户更加深入地参与到整个产品设计开发流程中，从早期的需求分析到概念设计、详细设计、系统开发和可用性评估等全过程都强调用户的主动参与和设计贡献。设计师的角色更多是通过协调、配合以及观察，充分了解用户的实际需求和对系统的期望以及使用过程中的用户体验和满意度，以更加系统科学的视角挖掘用户的真实需求从而改善产品设计。用户参与式设计方法能够调动用户的积极性和主动性，让用户感觉产品是自己一手设计创造出来的，从而培养用户的主人翁精神。

启发式设计（Elicitation Study）。脱胎于用户参与式设计，启发式设计是该领域一种流行的方法。在启发式设计过程中，实验人员向被试展示一组指示物，然后要求被试针对这组指示物自由地设计相应的交互技术（例如自然手势）。被试完成设计之后，实验人员对结果进行归类、汇总并根据一致性度量指标计算被试的共识度和设计方案的一致性，最后将最佳设计方案赋值给相应的指示物。

终端用户（End-Users）。一个系统、交互设备或应用程序的潜在用户。在用户参与式设计中，经常邀请一组终端用户作为被试参与目标产品的交互设计流程。

被试（Participants）。经过随机抽样过程被招募到用户参与式设计流程中的一组人选，他们代表了典型的终端用户。

功能（Function）。交互系统用户界面的某种特征，可以通过系统命令来单独控制，例如"增大音量"。在用户参与式设计中，经常抽取一组典型的核心功能作为目标任务来完成相应的交互技术（如手势交互）设计。

指示物（Referent）。在用户参与式设计中，指示物是对于目标任务/系统功能的形式化表示。根据所使用系统的类型和技术成熟度，可用多种不同媒体形式展现，比如用文本、图形、图像、音频、视频、动画来呈现，甚至是研究人员口头描述或者动手操作实际的人工制品来演示效果。

启发（Elicitation）。要求被试针对看到的指示物做出相应的设计方案（例如设计一种最佳手势）实现相应效果的设计过程。在用户参与式设计过程中，启发过程由被试独立完成，实验人员一般情况下不得进行额外的提示，以避免干扰用户的设计决策。

手势（Gesture）。手势可分为静态手势（例如比一个 OK 的手形）和动态手势（例如食指在空中打一个对钩）。根据参与交互的肢体部位不同，又可以分为不同的手势类别（例如头的姿势、手指的姿势、脚的姿势等）。

一致性（Agreement）。一致性指的是在用户参与式设计中不同用户根据同一规则或者设计标准设计产生相同或者类似方案的程度。例如，多名用户为智能电视系统中的"下一个频道"设计了一组具有一致性的"向右滑动"的手势，这些手势的共同点都是手掌在胸前伸出保持朝前的方向并且向右滑动，不同之处在于有些人是保持五指全部伸开，有些人是只伸出了食指或者食指+中指。

一致性度量（Agreement Measurement）。一致性度量是使用一种数字化的指标量化用户设计产生的设计方案的一致性。例如，目前在用户自定义手势设计领域，常用的一致性度量指标包括一致性分数和一致率。

一致性分数（Agreement Score）。一致性分数是由华盛顿大学 Wobbrock 等人提出的对一致性进行公式化计算的度量方法。例如，如果 24 名被试为"增大音量"的智能电视交互任务设计了 3 组一致性手势，包括 21 个动态的"向上滑动"的手势、2 个静态的"大拇指朝上指"的手势和 1 个动态的"食指顺时针旋转"的手势，那么"增大音量"的一致性分数为 $\left(\frac{21}{24}\right)^2 + \left(\frac{2}{24}\right)^2 + \left(\frac{1}{24}\right)^2 = 0.77$。

一致率（Agreement Rate）。在设计实践中，一致性分数无法描述被试之间意见完全不统一的情况，即无法取到 0 值。一致率是对一致性分数的一种改进，由 Vatavu 等人提出。例如，同样是上面的例子，一致率的计算结果为 $\dfrac{21\times20+2\times1+1\times0}{24\times23}$ = 0.764。

1.2 用户参与式设计方法与流程

用户参与式设计包含了几种常用的设计流程和方法。下面我们将介绍一下这几种方法之间的联系和区别。

1.2.1 最大化猜想

在用户参与式设计方法中，比较常规也是应用比较广泛的一种方法是华盛顿大学 Wobbrock 等人提出的最大化猜想设计方法（Maximizing Guessability）。该方法的目标是通过邀请用户参与到设计过程中来，帮助设计师识别出好的设计方案。可猜想性对于基于符号输入的人机界面交互系统来说是非常重要的。在基于符号的输入系统中，用户输入键盘符号或者手势符号来表示字符或者系统命令，或者依赖于系统标签和图标来访问系统的功能。最大化猜想的设计思想就是帮助设计师评估基于符号输入的人机界面交互系统的可用性和可猜想性。由于近年来自然手势交互技术得到了全世界的广泛关注，因此该方法被大量手势设计专家应用于很多基于自然手势的智能产品交互设计领域，设计更加符合通用手势设计标准/规范的好的手势集，例如符合可发现性、易操作性、易记忆性和可靠性等特征。

通常，最大化猜想设计方法包含以下几个步骤：

（1）设计人员给终端用户展示一组事先准备好的指示物。

（2）终端用户看到指示物的效果之后，需要设计一个或者多个手势动作来更好地匹配这个指示物的展示效果。

（3）设计师在终端用户设计过程中利用各种方法来收集数据，比如通过摄像头对被试的手势动作进行捕捉、利用录音笔对被试手势设计过程中自言自语的设计理由进行记录、或者利用半结构化访谈的方法对被试的主观偏好进行收集。

（4）设计师使用各种定量和定性的度量方法对从终端用户那里收集的数据进行分析，根据最大一致性原则推导出一套在终端用户之间共识度最高的手势集，并将其映射给相应的目标任务或者系统功能。

1.2.2　启发式设计

启发式设计是最大化猜想方法的一种改进和演化的形式，也是用户参与式设计方法的一个研究分支。一般来讲，启发式设计包含了两个设计阶段。

第一阶段采用传统的最大化猜想设计流程，设计师提供一定数量的指示物，让终端用户发挥想象力自由设计和创造相应的交互技术，然后设计师根据用户的设计方案进行一致性排序筛选，挑选出最适合目标任务和功能的设计方案。

第二阶段也称之为"基于选择的启发式设计（Choice-based Elicitation Study）"，是对第一个阶段最大化猜想的一次迭代式设计。当然，在智能产品交互设计实践中，这一阶段的设计方法也可以独立于第一阶段而单独应用。跟第一阶段终端用户需要为每个指示物设计一种最好的设计方案不同的是，在这一阶段终端用户需要从一组候选设计方案列表中为每个指示物选择一种最好的设计方案。候选列表中的设计方案可以有两个来源：

（1）由专门的系统设计专家根据他们的专业设计经验而提供一组权威的"专家定义"设计方案。

（2）设计师重新检查梳理第一阶段一致性较低的指示物，然后从终端用户所提出的设计方案中择优选择有潜力的优质设计方案合并到第一阶段一致性较高的设计方案中，生成一组新的"用户自定义"设计方案提供给终端用户，让终端用户经过综合评估之后选出最优的方案。这种技术有助于发现一些原本在第一阶段由各种客观因素影响而忽略了的优质的设计方案。"基于选择的启发式设计"是一个比较耗时的过程，但却是提高创造力的必要方法，特别是对于一些终端用户不太熟悉目标系统设计空间的智能产品设计实践来说十分有效。

1.2.3　基于人机功效学的设计方法

除了上面提到的最大化猜想和启发式设计两种方法，还有一种更加直接的用户参与式设计方法，即 Nielsen 等人提出的基于人机工效学原理的设计方法。这种方法侧重于设计师必须从人机工效学的角度提出更加易用、易记、直观、并且符合人机工效学和逻辑隐喻的手势设计方案。尽管很多智能产品中都应用了自然手势交互技术，但是自然手势却并非是适合于所有应用系统的"万金油"。因此，交互设计师应该在系统正式发布之前，在设计的早期阶段就事先检查手势集是否与目标系统匹配以及是否是最适用于目标任务集的交互技术。在需要测试界面设计或反馈的情况下，可以让终端用户与系统操作员/实验人员在目标系统使用场景下采用一种人-人的非语言交流评估方法，终端用户做出手势动作的同时，实验人员在幕后利用鼠标、键盘或者操纵杆等常规的交互设备实现用户的手势交互效果，帮助用户"完成"

目标任务。在此过程中，用户评估手势的可记忆性、可学习性、舒适度、手势与目标任务的匹配度、手势的可猜想性以及其他的人机工效学指标。

1.3 用户参与式设计赋能技术

上面介绍了用户参与式设计几种常用的方法，在实践应用过程中，设计师可以根据需求，灵活地选用合适的方法，也可以将上面几种方法结合起来使用。比如启发式设计+人机功效学方法等，也可以取得很好的效果。除此之外，在使用用户参与式设计方法进行智能产品交互设计实践时，还可以结合下面几种赋能技术，从而获取有效的终端用户数据，理解用户对系统的真实需求和期望。

1.3.1 指示物的设计

根据所要设计的目标任务的不同，指示物可以有不同的呈现方式。最简单直接的方式就是直接使用文本的方法，但是这种方法有时候会因为语言本身的模糊性和歧义性而给终端用户带来理解上的困难。因此很多设计师采用了文本+图片的方式，比如用一张图片表示系统的目标任务状态，然后在旁边配上文字描述和解释任务的需求。在很多情况下，这种方式是有效的，但也有例外情况。比如，使用启发式设计方法让终端用户为一款虚拟现实游戏系统设计"开门"和"关门"的手势动作，设计师在选择图片时就会碰到"诺曼门（Norman Door）"问题。如果呈现有形的门把手，那么就会给终端用户心理暗示，用户会根据图片上的门把手的形状直接设计成逆时针/顺时针旋转的手势、或者是上下提的手势、再或者是左右推开的手势等。但如果不给用户呈现有形的门把手，用户在没有任何约束的情况下甚至会设计出脚踹门的动作（在我们前期一个项目中出现过类似的情况），因此设计师会得到一些哭笑不得的数据。

有的设计师提议，为了避免使用图片对用户造成的引导而违背启发式设计的初衷，可以在设计实践过程中不提供图片等具体的视觉呈现，而是在用户设计时让实验人员在旁边口头描述实验任务。但是这种方法在解决了旧问题的同时也带来了一个新问题，即在交互实践过程中，实验人员并不能保证对每个用户被试都使用同样的词汇、语调、语速，甚至有的实验人员会不知不觉地"犯规"，诱导被试设计实验人员所期待的手势。

除此之外，还有一些设计师认为图片是静态的，只能展示任务的起始状态，但被试需要进一步理解任务中间状态的变化。因此，他们推荐使用 GIF 动画或者把目标任务的状态变化提前录制成小视频片段，演示给被试看，让被试设计相应的手势。

在某些特殊的系统中，甚至有实验人员使用亲身动作示范或者操纵人造物的方式，让被试了解任务的完成情况，以便评估到底应该设计什么样的手势才能够产生适合该任务的最佳效果。

1.3.2 出声思维法

在用户参与式设计的过程中，通常使用出声思维方法来记录用户的内心想法，以捕获用户对产品设计的心智模型。设计人员在用户身边架设一台 Web 摄像头和/或专业的录音笔，除了捕获用户的行为动作，还需要让用户大声说出这样设计的原因和理由是什么，他们在做出这样的设计选择时是否想到过或者会联系到以前曾经使用过的类似产品或者系统。出声思维法的使用有两个好处，一是可以帮助实验人员正确理解用户在实验过程中的动作行为表现，二是可以为后续的实验数据统计分析和用户心智模型洞察提供有价值的参考。

1.3.3 绿野仙踪法

绿野仙踪本是一部电影名称，电影中的巫师有能力帮助小女孩实现她的愿望。在交互设计领域，绿野仙踪方法（Wizard-Of-Oz，WOZ）被认为是一种非常实用的用户参与式设计方法，经常在设计师对于目标系统的设计空间不甚了解的时候或者是设计师正处于系统调研阶段的时候被大量使用。绿野仙踪方法的主要过程是，实验人员先向被试展示他们需要完成的一系列任务，然后要求被试针对这些任务的效果和状态的变化设计出一套合适的交互技术，比如在没有专家干扰和提示的情况下做出一系列对应的自然手势动作。被试在做出每一个手势动作的同时会看到系统实时反馈的任务完成效果，这样被试可以实时调整他们的手势行为，以便与目标系统任务更加匹配。

在传统的绿野仙踪方法中，被试认为他们是直接使用诸如自然手势技术或者智能语音识别技术等跟一个真实的智能产品系统交互，但事实上，被试所看到的任务完成效果或者系统的实时反馈都是由后台的实验人员/专家利用传统的交互设备如鼠标、键盘等完成的。类似于下面的这个交互情景：实验人员要求被试设计一个自然手势来控制一个智能电视的音量。当被试一边抬起手向上滑动一边喃喃自语地说"声音增大"的时候，实验人员在后台通过鼠标拖动系统扬声器的滑动按钮或者按住键盘上的音量键来控制音量的逐渐增大，增大的幅度与被试抬手的幅度保持同步。

有时候绿野仙踪技术也被反其道而行之，即系统专家事先把目标任务的起始状态直接展示给被试，然后等被试看完这个任务完成效果之后要求被试设计一个最佳手势来实现这样的效果。类似于下面的这个交互情景：实验人员希望被试设计一个自然手势来实现把虚拟现实场景中的一把椅子从位置 A 放到位置 B，那么只需要给被试提供起点位置 A 和终点位置 B 的信息即可，而整个中间过渡过程（椅子是怎么动的）不需要都呈现给被试，否则会给被试心理暗示从而诱导被试设计出某些特定的手势。在这种情况下，被试可能会选择用手指指一下起点 A 再指一下终点 B，然后椅子会自动"飞过去"；也可能会在起点 A 用手抓住椅子一直拖向终点 B。但无论哪一种，都是被试最自然的心智模型，实验人员不应该加入主观的诱导和限制，妨碍被试的设计创意。

绿野仙踪技术在用户参与式设计实践中被大量应用，因为一方面它可以模拟目标系统的真实运行情况，给被试提供更加直观的感受，从而设计出更加合理的交互技术/方案；另一方面也可以帮助专业的设计师在系统开发落地之前的早期阶段就很好地了解用户的真实需求和交互情景，节省了大量的人力、物力和财力，并有效避免最终开发出来的系统的失败风险。

1.4 用户参与式设计方案的评估

1.4.1 评估方法

在基于手势的智能产品交互设计中，用户参与式设计方法主要目标是为系统设计出一套最佳手势集，但是什么才是最佳手势集？哪些标准可以反映手势的可用性？一般来讲，对手势的可用性评估大致可以从两个方面来进行。一方面是基于用户心智模型和用户体验的评估，例如手势的自然性、可记忆性、可发现性、可学习性、可猜想性、与目标任务的匹配度、与其他手势的区分度、社会接受度等；另一方面是基于手势本身的工效学特征来进行评估，例如易使用性、舒适度、疲劳度、简单性、参与交互的手的数量、参与交互的手指的数量、并发性、身体部位的协调性，等等。

在用户参与式设计实践中，用户评估可以发生在不同阶段。例如，有的是发生在早期的单个手势生成阶段，设计人员要求用户为每一个目标任务（指示物）设计两个及以上的手势（为了避免遗留偏见），然后经过自我评估从中选择一个最佳的手势匹配给当前任务。可采用的评估方法包括任务后评分、任务后访谈或者任务后问卷等。

有的是发生在用户参与式设计完成之后，把所有的候选手势集合在一起然后统一做可用性评估。可采用的评估方法包括事后访谈、事后问卷、事后可用性测试等。

当然还有设计人员将二者结合起来进行。具体应用时，实践人员可以根据需求和目标系统的实际情况采用不同的方法。

1.4.2　数据分析和度量指标

在用户参与式设计结束之后，研究人员将对数据进行收集、编码、归类和评估，使用各种指标进行度量，提取出目标系统最合适的手势集。

1. 用户自定义手势分类

有相当多的用户参与式设计实践都针对用户自定义手势集的特征进行分析并根据相似性度量把手势分成不同的类别。分类能有效帮助设计者洞察参与设计的终端用户的心智模型，然后据此引导设计师理解适合不同目标任务的手势类型。用户自定义手势分类有很多维度。比如可以将手势依据表现形式、自然性、视点、流畅性等分为四大类，每一类又可以细分为不同的子维度。

表现形式可以进一步细分为静态手势、动态手势、复合手势。其中静态手势是指用户设计的手势不包含手的时空运动，仅仅是一个手形(例如比一个 OK 的手形)；动态手势是包含了手的时空运动的手部动作，既可以是手形的变化（例如，手掌逐渐张开），也可以是手部在空间运动形成的轨迹（例如，空间打一个对钩）；复合手势是同时包含了手形的变化以及空间运动轨迹的复杂手势（例如，手掌从握拳的初始状态逐渐靠近一个虚拟场景中的杯子，在此过程中逐渐张开手掌接触到杯子后再次握拳抓紧杯子）。

自然性可以分为符号类手势、物理类手势、隐喻类手势以及抽象类手势。其中符号类手势通常是描述一种符号，比如用户比一个 OK 的手势表示"接受"或者"确认"；物理类手势通常作用在某个对象上，比如一个张开手抓取杯子的手势；隐喻类手势则是利用手部形状或者动作进行某种语义比方/比喻，例如，两手食指和拇指分别连接成一个圈然后放在眼睛上的静态手势表示一个放大镜放大当前被选中的对象，或者做一个翻书的动态手势动作来切换场景；抽象类的手势则不属于以上三种，通常手势与目标任务之间的映射是任意的，例如食指连续点击三次表示删除一个对象等。

视点类可以分为以对象为中心的手势、以用户为中心的手势、以世界坐标系为中心的手势以及不依赖世界坐标系的手势等。其中以对象为中心的手势通常作用在对象上并且系统只需要提供对象的属性信息即可，例如，大拇指和食指张开的同时被选中的对象跟着一起放大；与以对象为中心的手势相比，以用户为中心的手势除了要求系统提供对象的属性信息，还需要提供用户的坐标系信息，比如用户对着一个虚拟衣服招招手，衣服就"飞"到用户的跟前；以世界坐标系为中心的手势不需要关注用户的身体坐标系信息，比如在手机屏幕的右上角点击一下或者直接将所选中的对象拖动到屏幕的右上角表示删除当前对象。最后一个子类的手势发生时的交互上下文跟世界坐标系无关，比如双手在胸前交叉抱肩的手势表示关闭当前的应用程序。

流畅性一般分为离散型手势和连续型手势。其中离散型手势是指手势动作做完之后系统才提供界面反馈，例如用户空中做完一个打"×"的动态手势之后，当前窗口被关闭；连续型手势则需要系统提供与手势行为动作匹配的实时反馈，例如用户向上抬手的过程中，系统的音量连续增大。

除此之外，还有其他更多的分类方法。例如，可以根据手势过程中所涉及的手的数量（单手交互还是双手交互）来进行分类。例如，为智能汽车车载信息系统所设计的用户自定义手势都是单手交互模式。还有根据手指数量、手指点击次数（单击、双击、三击）等不同属性进行区分的。类似于著名的费兹定律，手势分类将有助于系统设计者更好地理解用户心智模型，并能够对手势交互的效率、用户的心理认知和身体疲劳度进行预估。

2．度量指标

有很多设计人员使用了至少一个度量指标来提取与特定目标任务相匹配的手势，或进一步理解目标任务概念的复杂性。前期，一个广泛应用的指标是华盛顿大学 Wobbrock 等人提出的"一致性分数（Agreement Score）"，表明被试对于一个目标任务所提出的手势设计方案的一致性水平，即用户的共识度，其计算公式如下：

$$A(r) = \sum_{P_i \subseteq P} \left(\frac{|P_i|}{|P|} \right)^2 \tag{1}$$

其中，P 是被试为任务 r 所设计的所有手势的集合，$|P|$ 为集合的大小，P_i 是 P 的手势子集。

例如，在我们前期的一个用户自定义手势设计项目案例中，针对智能电视手势交互中的"增大音量"这个目标任务，用户设计了 3 组不同的手势，包括 21 个动态的"向上挥手"的手势，2 个静态的"大拇指指向右侧"的手势，以及 1 个动态的"双手从胸前中间滑向两侧"的手势。那么"增大音量"这个功能所对应的一致性得分为：

$$A_{增大音量} = \left(\frac{21}{24} \right)^2 + \left(\frac{2}{24} \right)^2 + \left(\frac{1}{24} \right)^2 = 0.77$$

类似地，"下一个频道"的功能也有三组手势，包括 12 个动态的"向右挥手"的手势，11 个动态的"向左挥手"的手势和 1 个静态的"大拇指向下"的手势，那么它的一致性得分为：

$$A_{下一个频道} = \left(\frac{12}{24} \right)^2 + \left(\frac{11}{24} \right)^2 + \left(\frac{1}{24} \right)^2 = 0.46$$

虽然这两个功能都有 3 组手势，但"增大音量"有更高的一致性得分，这表示相比于"下一个频道"，设计师更容易给这个功能选择一个大家认可度较高的手势。

尽管上面这个公式被很多用户参与式设计实践采用，但是这个公式仍存在一些缺陷。比如说，不能反映所有用户意见都不同的极端情况。如果所有用户意见都相左，一致性应该为 0，但是上面这个公式无法取到 0 值。因此，Vatavu 等人在 2015 年对这个公式进行了改进：

$$AR(r) = \frac{|P|}{|P|-1} \sum_{P_i \subseteq P} \left(\frac{|P_i|}{|P|} \right)^2 - \frac{1}{|P|-1} \qquad (2)$$

从公式（2）可以看出，当所有用户意见都不统一的时候，一致性可以取到 0 值。因此，目前很多用户参与式设计方法都采用了这个改进之后的公式来度量用户之间的一致性和共识度。

除了一致性公式这一度量指标，还有一些与时间相关的度量指标也经常被使用，例如被试的思考/回忆时间、手势完成时间等。思考/回忆时间是指被试在看到一个目标任务/指示物后思考和设计一个最佳手势所用的时间。这个时间经常被用来帮助设计人员验证和评估这些指示物作为外界刺激对于唤醒被试有效进入状态并给出最佳手势设计是否有积极的影响。有研究表明，指示物或者目标任务的概念越复杂，被试所需要的思考时间就越长，二者是正相关关系。手势完成时间表示手势从起始到结束所经历的时长。很显然，手势完成时间越长，手势的容易度就越差，二者是负相关关系。

1.5 用户参与式设计方法的局限性

尽管用户参与式设计在很多智能产品设计领域中得到了广泛的应用，但是这种方法在实践过程中也会碰到一些问题。比较常见的两大类问题分别是：词汇分歧问题和遗留偏见问题。

1.5.1 词汇分歧问题

词汇分歧最早由 Furnas 等人针对早期的信息检索系统设计而提出。他们通过研究发现，信息检索中存在严重的词汇分歧问题，即系统设计师所定义的搜索关键词和用户实际搜索的关键词之间存在严重的词汇分歧问题，导致很多情况下信息检索任务的失败，大大降低了系统的可用性和用户满意度。Furnas 等人针对该问题提出了很多有益的设计指导，如今这些设计指导已经成功运用在信息检索系统的设计实践中，包括我们现在常用的搜索引擎的设计。与信息检索中的词汇分歧问题类似，为了设计良好的交互设计产品,我们也需要关注用户参与式设计中的词汇分歧问题。

以自然手势交互设计为例,词汇分歧问题可能出现在设计师与用户之间、设计师与设计师之间以及用户与用户之间,具体表现在以下几个方面:

(1)设计师与用户之间的分歧。虽然近年来,自然手势交互技术被广泛应用,但目前很多手势集都是由系统专家设计和定义的。在很多情况下,系统专家更多地追求手势的高识别率和系统的易实现性,而往往会忽略了手势的可用性。因此,专家们所认为的好的手势和终端用户所真正熟悉和喜欢的好的手势之间可能会出现手势分歧问题。

(2)设计师与设计师之间的分歧。针对同样的目标系统和功能任务,不同文化背景下的设计师使用相同的用户参与式设计方法所创建的手势集可能会有所差异。例如,Kühnel 等人、Vatavu 等人和我们前期的一个项目实践都采用了同样的用户参与式设计方法,但是针对同一个目标任务"关电视"所设计的手势就完全不一样。

(3)用户与用户之间的分歧。在用户参与式设计过程中,总体原则是设计师不得对用户施加任何的限制和提示,由用户自由开放地完成产品设计方案。但是,用户之间的个性化差异很大,如同莎士比亚所说的那样,一千个人眼里有一千个哈姆雷特,并且由于受到很多客观因素的影响,不同用户可能会形成不同的心智模型,从而大大影响他们在参与式设计中的决策。例如,同样都是为智能电视切换下一个频道所设计的手势,有的用户就使用向右挥手,有的用户就使用向左挥手,有的用户就使用空中顺时针画圈,有的用户则使用右手大拇指指向右侧的静态手势。

1.5.2 遗留偏见问题

用户参与式设计方法的另一个问题是遗留偏见问题。它指的是用户在为新系统设计交互技术的过程中,会潜意识地受到他们以前使用的用户界面和交互技术的经验影响,借鉴这些旧系统、旧设备、旧界面的交互模式,把以往的设计方案直接转移到新系统的交互技术设计上,从而将体力和脑力工作负荷降到最小化。这种不知不觉的偏见因素会使得为新兴的目标智能产品设计更加合适的新型交互技术变得非常困难。比如,在我们前期的一个面向三维虚拟现实系统的用户参与式设计实践过程中,有的用户从头到尾都是设计用手指凌空虚点菜单界面的手势来完成所有的任务。被问到为什么会这样设计时,被试说在图形用户界面中,所有任务都是通过鼠标点击来完成的,因此虚拟现实中也可以通过点击调用功能菜单完成所有的任务。

目前,有三种技术可以用来减少遗留偏见对用户参与式设计的影响。

第一种是启动刺激。这是源于心理学领域的一种刺激效应,其原理是实验人员通过控制外部环境让用户接触到一种刺激,然后利用刺激来激发用户的潜意识,从而影响用户对产品的设计策略。例如,为了让用户在参与式设计中更好地为虚拟现实系统设计三维自然手势动作，可以让用户在健身房里先玩一会儿器械或者在一个杂货间里用手搬运一会儿东西，这样用户就不太可能全部都设计成类似鼠标点击或者手机屏幕上手指滑动的手势。当然，这种刺激也可以通过让用户观看一段小视频的方式，或者由实验人员亲自演示的方式来进行。这样，用户会在脑海中摈除先入为主的偏见，从而更客观地思考哪些手势更加适合当前任务和交互上下文。

第二种是生产技术。既然用户第一个冒出来的想法（手势设计方案）通常是那些易受遗留偏见效应的影响而不由自主地设计的一些带有偏见的手势，那么生产技术就要求用户为每个指示物设计两种甚至更多的手势。这就会促使用户更多地、理性地思考手势的匹配度和可发现性。生产技术在交互实践中有很多变种，比如可以操纵最小数量的手势，要求用户为每个指示物至少设计两种、三种、甚至更多的手势，直到用户提出一种新的没有被其他用户设计过的手势为止。这种技术在一定程度上确实会让用户避免总是为遗留效应所累，而有可能挖掘出更多有价值的手势，但是在实践中也会加重用户的认知负荷，大大延长设计时间。所以设计师需要在其中找到一个平衡点。

第三种是搭档技术。类似于传统交互设计中的焦点小组。一个人的想法总是受限于某些客观的条件或物理环境，而如果由两个或两个以上的用户组队经过头脑风暴讨论之后共同为某一指示物一起产出一套设计方案，则会纠正某个或某些队员原本不合理的或者受偏见影响的手势设计方案，从而产生共识度更高的手势设计方案。当然，这种方式也并非十全十美。如果组内有特别强势的领导人用户，就可能会将自己的意愿强加给别人并说服别人接受一个不合理的设计方案。因此，搭档技术也必须要控制好条件才能取得理想的效果。

另外，还有研究人员指出，虽然遗留偏见被当成是影响设计的一个重要因素，可能抑制非常有创意的手势设计方案或者完美匹配当前目标产品交互任务的设计方案的产生，但是有时它也可能在用户参与式设计中发挥积极的作用。比如在很多情况下，带有偏见的手势设计方案都是借鉴了成熟/成功的交互产品或系统的设计方案，因此具有简单、易学和易发现性的优点，从而为用户参与式设计带来很高的一致性和社会接受度。当用户没有时间和愿望去学习新的交互方式的时候，这些手势设计方案也是合适的。因此，处理遗留偏见是一个交互设计决策问题，它主要取决于最终产品/系统是一个简单易用的系统还是一个需要充分使用创新性交互技术的系统。

1.6 应用领域

目前，用户参与式设计方法已经被成功应用在许多不同的领域，在智能产品交互设计中发挥了极其重要的作用。下面我们梳理了近十几年用户参与式设计方法在一些经典的智能人机交互领域的应用情况。

1. 智能电视

随着智能技术的不断发展，如今的智能电视与个人电脑的边界越来越模糊，智能电视已经从最初的用户只能被动观看的模式发展成为今天具有诸如网页浏览、内容处理、媒体播放等多功能的交互式多媒体设备。在如此复杂的多媒体系统中进行多任务操作，传统的基于按键的遥控器已经显得捉襟见肘。因此，有很多研究人员采用了用户参与式设计方法，邀请终端用户参与面向智能电视的手势交互设计，利用手势完成诸如开/关机、音量调节、亮度调节、切换频道、激活/隐藏系统菜单、确认/取消、静音、添加/删除收藏夹等一系列智能电视交互任务。

2. 智能汽车

现如今，智能汽车人机界面中已经集成了越来越多的功能，如此繁多的汽车内部功能和瞬息万变的周边交通信息给驾驶员带来了越来越大的挑战，甚至不断分散他们的注意力。在这种情况下，如何让驾驶员将注意力更多地集中在驾驶这一首要任务上，优化驾驶员与车载信息系统的交互方式成为很多智能汽车交互设计师关注的主要问题。解决这些挑战的一种可行的方法是采用用户参与式设计方法来设计基于自然手势交互的车载信息系统，让驾驶员在无眼交互的情况之下完成非驾驶类次要任务，例如接听/挂断电话、切换歌曲曲目、调节音量大小、打开/关闭空调、调节温度高低、收/发电子邮件、控制导航地图等。

3. 智能家居

Kühnel 等人、Locken 等人、Choi 等人和 Hoff 等人邀请终端用户为智能家居设计了一套自然手势交互技术。用户在家里可以在不接触任何遥控器或其他电子控制器的情况下，利用自然手势动作控制空调的开关、电视的开关、智能音箱/音乐播放器的开关、台灯的开关、智能窗帘的升降，等等。

4. 智能移动终端

很多研究人员在智能移动设备交互设计中也运用了用户参与式设计方法。例如，Ruiz 等人使用用户参与式设计方法生成了一套用户自定义手势集，可以实现面向移动电话的接听/拒绝、忽略、语音搜索、返回主页面、下一页/上一页、放大/缩小等交互任务。除此之外，Kray 等人、Kurdyukova 等人、Seyed 等人、Rädle 等人还探索了利用用户自定义手势完成手机-手机、手机-大屏幕显示器、手机-台式计算机、手机-iPad、iPad-iPad、iPad-台式计算机、iPad-大屏幕显示器等多个设备之间实现跨设备信息交互的任务。

5. 智能机器人

Obaid 等人通过用户参与式设计方法，产出了一套用户自定义手势，用来控制智能机器人在物理世界中行走和导航。他们的系统能够完成一系列常规的交互任务，包括前进/后退、左转/右转、停止/开始、加速/减速、起立/坐下等。

6. 智能可穿戴设备

还有一些设计人员将用户参与式设计方法应用于为智能可穿戴设备设计交互手势。例如，Tung 等人就设计了一套用户自定义手势，用来帮助佩戴谷歌眼镜的用户利用手势完成与信息空间数字内容的交互任务，例如选择对象、旋转对象、左右移动、勾画路径、控制 3D 视点、控制游戏化身等。Shimon 等人则为佩戴智能手表的用户也设计了一套用户自定义手势，用户可以利用手势实现上一页/下一页、返回主屏幕、左右上下平移、放大/缩小、确认时间、开启/停止秒表计时、接听/拒听电话、打开/关闭扬声器、切换应用程序、锁屏、复制/粘贴等功能。类似地，Gheran 等人设计开发了一套面向智能手环的交互手势集，包括音量增加/降低、开启/关闭播放器、开启/关闭灯光、开启/关闭闹钟、上一页/下一页、调亮/调暗光线等。

7. 虚拟/增强现实

与传统的 WIMP（Window，Icon，Menu，Pointing Device）界面相比，虚拟/增强现实应用给鼠标和键盘操作带来了更大的挑战，因此很多设计专家致力于研究探索利用基于手势的交互技术完成虚拟/增强现实中的 3D 交互任务。例如，Kistler 等人、Connell 等人以及我们前期的几个项目均利用用户参与式设计方法，邀请被试参与设计了一套自然手势，用于完成虚拟现实中的单选、多选、释放、放大/缩小、删除、复制、移动等 3D 对象操作任务，前进/后退、加速/减速、停止、打开/关闭房门、左转/右转等 3D 漫游任务，以及确认/取消等系统控制类任务。类似地，

Piumsomboon 等人和 Lee 等人面向增强现实领域设计了一套用户自定义手势集。该系统支持用户使用手势完成选择、移动、缩放、释放、复制、剪贴、撤销、重做、插入/删除等对象操作类任务，播放、暂停、继续、重启、重置、加速/减速、上一首曲目/下一首曲目等音乐播放类任务，以及打开/关闭、选择等系统菜单控制类任务等。

8. 公共场所大屏幕设备交互

鉴于自然手势能够为用户提供更多的自由度、更大的交互空间和更灵活的交互体验，很多设计专家探索了在公共场所大屏幕设备上实现用户自定义手势交互，例如 Ruiz 等人邀请用户设计了 6 种手势动作，包括选择、移动视点、移动光标、移动对象、缩放、撤销，用来控制大屏幕上的对象。Cafaro 等人利用用户自定义手势完成与远处大屏幕上的 3D 数据可视化场景进行交互的功能，这些手势可以实现将数据点云抬起/放下、摇散、透明化、缩放、切分、聚合等功能。除此之外，Rovelo 等人还研究了公共场所大屏幕前多人协同手势交互模式，系统支持的交互任务包括播放、暂停、停止、忽略、快进/快退、移动、缩放等。

1.7 总结与讨论

本节我们将进一步讨论用户参与式设计方法的应用现状和未来发展趋势。

1.7.1 被试：人口统计学要素

在用户参与式设计中，目标系统的潜在用户会被邀请参与系统的交互设计。因此，为用户参与式设计精心挑选合适的被试是十分重要的，这其中需要考虑很多问题，例如被试是否能够正确地代表目标系统的潜在用户群体；需要为参与式设计招募多少数量的被试，也就是说样本量多大才够；被试的年龄、性别、专业背景和对目标系统的了解程度以及使用经验需要达到什么标准。

首先，关于被试数量，我们通过大量的文献综述发现，在用户参与式设计过程中，被试数量并不统一，从最少的几个人到最多的将近 100 人的都有。其中，有不到 10%的设计实践招募了 10 人以下的被试，另外不到 10%的设计实践招募了 30 人以上的被试。大部分设计实践招募的被试数量都介于 10～30 人之间。目前，在用户参与式设计中究竟应该招募多少数量的被试尚无定论，但可以肯定的是，设计结果的可靠性、通用性以及设计建议和指导规范的泛化能力会在一定程度上受到被试数量的影响。因此，尽管目前并没有一个通用的关于被试最小数量的黄金标准和要求，但是一个合理的小范围内的优质被试群体在特定的交互情境中可以产生更普遍的结果和建议。例如，参考可用性测试中的设计准则，如果设计师想要从一个迭代式交互设计流程中识别出来一些主要的可用性问题，那么从三四名有代表性的被试那里就可以得到很多有用的反馈信息；但如果迭代设计已经接近尾声，想要发现更多的可用性问题，那么就需要更多数量的被试。

其次，从目前已经正式发表的学术文献来看，大多数的被试都是从大学里招募的，由学生、研究人员或者教师组成的相对比较同质的用户群体。尽管根据随机抽样原则，被试会具有很多不同的专业背景，但也会在一定程度上损害设计结论的可靠性和普适性。很多设计人员如此招募的主要原因是这类被试群体相比其他类型的被试群体更容易招募到，在伦理审查的时候也相对更容易通过。并且，这些被试相对来说比较年轻，容易接受或者喜欢主动探索学习新技术，因此也更会用心参与实验设计，所获取的数据质量也会比较高。当然，如果新技术想要达到普及的话，还需要进一步扩大被试的人口学范围，比如覆盖老年人和儿童这类群体，尤其是那些不太容易获取到的被试，例如更加需要得到关注和关怀的残疾人群体。

关于被试的先验知识，有的参与式设计研究在被试招募的时候特意排除了那些有经验的用户，因为这类用户受到遗留偏见的影响非常大，在设计过程之中会不知不觉把以前使用类似系统的经验知识迁移到目标新系统的设计中来，从而导致新系统的交互创造力不足等各种问题。但是也有的参与式设计研究特意要求被试需要一定的专业知识，特意招募有经验的用户，例如为智能汽车车载信息系统设计自然手势的参与式设计研究，就需要招募具有驾驶经验的司机；另外为特定的游戏系统（例如《绝地求生》）设计手势交互技术的被试也需要有一定的游戏系统使用经验才行。总之，在被试先验知识和经验的控制变量方面，目前很少有公开发表的文献讨论被试选择和招募的标准，这很大程度上取决于系统设计师是否希望能够控制遗留偏见的影响。

1.7.2 用户参与式设计流程

用户参与式设计方法强调目标系统的潜在用户参与系统设计的重要性。但是目前尚无统一的方法，不同实践者在交互设计过程中会根据目标系统的实际需求相应地进行改进与创新。例如，Nielsen 等人提倡在一个基于自然手势交互的智能系统设计之初增加一个"发现核心功能"的设计步骤，即在为目标系统设计手势集之前，需要先邀请目标系统的潜在用户一起确定一些关键问题，比如这样一个系统是否适合手势交互，哪些任务适合手势交互，以及系统需要提供的最大和最小数量的手势数量是多少，只有在确立了最适合手势交互的系统核心功能集之后，才有必要进行启发式手势设计。

Wobbrock 等人所提出的最大化猜想设计方法包含两个重要的设计阶段。第一阶段是设计师向目标系统的终端用户提供核心功能集的指示物，然后要求用户为每个指示物设计一个最佳手势；第二阶段将所有用户的手势设计方案进行分类汇总，根据一致性公式来分析数据并评估用户的共识度，然后为每个指示物挑选出一个最佳手势，这一阶段主要由研究人员进行。

最大化猜想这种设计方法具有一定的局限性。在很多情况之下，用户会受到时间、空间、个人状态等很多客观因素的影响，无法在单次设计过程中提供最佳的设计方案。因此，基于选择的启发式设计方法可以看作是最大化猜想的增强版。前者可以包含多个迭代式设计阶段，例如可以将最大化猜想设计结果中一致性比较低但是却很有潜力的高质量手势设计方案（经过专家评估确认）作为下一轮的候选设计方案，提供给第一阶段参与最大化猜想设计过程的终端用户，这样做的原因是现实生活中很多人会产生事后诸葛亮效应，在看到更优的设计方案后会恍然大悟，然后改变自己最初的设计方案，最后很有可能会产生一致性比较高的设计方案。当然，候选设计方案集中也可以添加由领域专家推荐的一些被用户完全忽略的高质量设计方案，最后由用户选择确认。基于选择的启发式设计方法可以迭代多次，直到收敛至最优结果为止。

总的来说，这几种方法各有特色。其中，Wobbrock 方法的优点在于，它是一种简单而实用的设计方法，坚实的数学框架（一致性度量公式）能够在为目标系统形成一套手势集之前对手势进行一致性分析。Nielsen 等人的方法则更多地关注参与式设计所产生的最终手势集的可用性评估，在评估的过程中综合考虑用户的主观因素指标以及手势的工效学等客观因素指标。基于选择的启发式设计方法则可以通过多次迭代优中选优，并能发现一些可能被误淘汰的高质量设计方案，进一步验证用户参与式设计过程中的中间结果。

另外一点需要指出的是，目前为止，上面这几种方法都是在一个严格控制变量的环境中（比如标准的可用性实验室）进行的。控制变量的方法有其自身的独特性，比如能够保证设计结果的纯粹性，但是同时却也忽略了一些其他的交互上下文因素，交互情景中诸如多人存在和干扰的情况、环境变量的差异等因素都有可能会对实际交互产生影响。例如，基于智能汽车的手势交互技术很多都是在室内模拟驾驶环境中使用用户参与式设计方法产生的，但在实际路况下的驾驶过程中的可用性依然未知。因此，更进一步的工作可以是在更加真实的野外环境中进行用户启发式设计。

1.7.3　用户参与式设计的技术成熟度

目前，用户参与式设计方法已经成为以用户为中心的智能产品交互设计方法的标准实践方法。全世界各地越来越多的设计人员在涉及智能产品交互设计的不同应用场景中运用这个方法，从基于手势交互的智能电视系统到智能汽车车载信息系统或者是智能移动终端等都可以看到这个方法的应用实践。

在很多新的智能产品交互系统中应用用户参与式设计非常有趣也卓有成效，因为系统设计师可以从中获得很多关于产品的有益的设计建议。尤其是设计师可以充分利用用户参与式设计产生的设计方案和结果，因为这代表了产品潜在的流行设计和目标用户的偏好。这也要求设计师使用特定的可用性评估技术对设计方案和结果进行仔细的审查和评估。越来越多应用此类方法的实践所带来的基于内容的调查可以帮助整个智能人机交互/交互设计行业总结和反思以前的产品设计结果，并为类似的设计产品提供有益的反馈和设计灵感。

但是，用户参与式设计还有相当大的可变性，在很多交互设计实践中并没有生成真实的产品或者可用的系统，很多设计人员使用了图片、视频、动画或者卡片等实物的方式来进行指示物的设计，还有一些设计人员使用了绿野仙踪的方法来模拟系统的任务执行情况，因此对参与设计的目标用户来说，必须要有一个良好的心智模型来理解目标任务以及所对应的新的交互技术。当然，指示物的设计形式会在一定程度上影响设计结果的有效性和设计质量。在用户参与式设计实践中，还需开展进一步的研究来确定作为外界刺激的指示物的设计形式和媒介是如何影响用户参与式设计结果的。

CHAPTER 02 基于框架的用户参与式设计方法

本章将介绍一种新的基于框架的用户参与式设计方法，并将之应用在一个新的智能手势交互领域——沉浸式虚拟现实购物应用系统中，以验证这种方法的有效性。在本章的项目案例中，我们将通过案例对比分析的方法，详细介绍目前流行的"最大化猜想"设计方法和本章中提出的基于框架的用户参与式设计方法在具体实践应用中的区别，并进一步分析使用本章所提出的基于框架的用户参与式设计方法是如何显著减少遗留偏见效应并获得更优的交互设计方案的。基于案例对比分析，我们最终提出一套用户参与式设计指南，希望对传统的用户参与式设计方法起到补充和改进的作用，并对交互设计方法在实践中的应用起到积极的借鉴作用。

2.1 设计动机

近年来，基于手势的交互变得越来越重要，手势交互技术已经在各个不同领域取得了成功的应用。然而，尽管手势交互技术发展迅速，但是目前仍然缺乏标准和通用的基于手势交互的用户界面设计指南和交互设计指导规范。当前，传统的手势交互系统大多由专业的系统设计师根据目标领域的设计准则或仅仅依据设计师的个人偏好来进行手势设计，而终端用户则很少有机会参与手势设计过程。因此，基于这种自上而下的交互方式范式所开发的手势系统经常会出现手势分歧问题，也就是说：即便用户做出了自认为很自然、很满意的手势，但是交互系统却无法识别用户的这些手势，从而大大挫败用户的交互体验，导致系统将面临严重的可用性问题并大大降低用户的满意度。

与传统的自上而下的手势设计方法相比，手势启发式设计是一种自下而上的方法，能够帮助设计师有效识别和设计手势交互系统中那些真正好的手势，也就是说手势设计方案能够符合交互设计标准，例如，高匹配度、易用性、易记忆性和可靠性。这种方法通过邀请目标系统的终端用户而不仅仅是专业的系统设计人员来推荐

19

和设计目标任务所对应的手势。

手势启发式设计方法可以避免技术壁垒的影响，并从产品的终端用户处获得最直观的手势。因此，这种方法已经在许多不同的人机交互产品中得以广泛应用。截至目前，已有很多相关研究成果提供了手势启发式设计方法对智能交互产品开发过程有利的实证。例如，Morris 和 Nacenta 等的研究结果表明用户自定义手势比专业系统设计师所设计的手势具有更高的可记忆性、可学习性和社会接受度。

然而，手势启发式设计方法目前也面临着一些挑战，其中之一就是遗留偏见问题。遗留偏见指的是，在启发式设计方法实践过程中，参与手势设计的终端用户倾向于将他们自身所熟悉的，尤其是从现有的输入设备、人机界面和相关交互技术中所学到的手势直接简单地转移并应用到新目标系统中，这种"偏见"将可能导致手势启发式设计方法陷入局部最优解（设计方案）。针对用户所提供的设计方案，设计师将无法识别出更适合特定目标系统任务的手势集合。这一矛盾在沉浸式 VR 购物应用中表现得更为明显，设计出适合沉浸式 VR 购物应用合适的手势集是一个很大的挑战。主要原因如下：

（1）沉浸式 VR 购物是一个崭新的应用领域。目前在这一应用领域中尚没有标准的用户界面规范和设计准则可以遵循。因此，如果直接简单地套用参与式设计方法，那么参与设计的终端用户将倾向于随意地将他们在其他系统中积累的经验知识直接转换到沉浸式 VR 购物这一新的应用领域中，他们将有可能设计出多种多样、大量的手势方案。

（2）与传统的图形用户界面相比，沉浸式 VR 购物应用系统中的交互任务更加抽象且需要更复杂的手势行为。

为了设计出更加友好的系统，我们需要考虑到遗留偏见所带来的影响，探究如何更加有效地让终端用户参与到手势设计的过程中，并且在手势启发式设计进程中更全面地分析他们的手势设计方案。基于以上需求和动机，本章将重点讨论一种基于框架的用户参与式设计方法，在框架的有效约束之下，保障启发式设计过程能够高效地设计出目标系统所真正需要的好的手势。

2.2 设计调研

本章的主要内容是介绍一种基于框架的用户参与式设计方法，并将之应用在基于手势交互的沉浸式 VR 系统中进行实践检验。因此，我们通过文献综述对基于手势交互的 VR 购物应用以及相关的以用户为中心的手势设计方法这两大方面进行调研。

2.2.1　基于手势的 VR 购物应用

相比于传统的鼠标和键盘交互，自然手势交互可以为用户提供更大的空间、更多的交互自由度和更逼真的交互体验。因此，自然手势在很多领域中得到了广泛的应用，尤其是基于手势的沉浸式 VR 购物系统。例如，Zhao 等人、Ohta 等人和 Pamboris 等人开发了基于手势的 VR 购物系统，实践结果表明，与传统的 2D 线上电子商务系统相比，基于手势的沉浸式 VR 购物系统可以大大提高用户的购物体验和满意度，并且能够促使顾客多次重复购物。

类似地，Badju 等人、Verhulst 等人、Altarteer 等人的工作和我们的前期项目通过田野调查深入研究了人们在基于手势的线上购物和线下购物两种不同模式中的态度和行为。他们的研究表明，基于手势的购物系统能够让用户体验各种购物行为，这会实质性地提升用户的购物体验，例如在沉浸式 VR 环境中，用户可以完成操作虚拟对象（如试穿新衣服）和系统控制（如关闭对话框）等复杂的 3D 交互任务。

对上述基于手势的沉浸式 VR 购物系统实践案例进行调研，有助于我们更好地理解基于手势的线上购物系统是如何吸引顾客的，这些调研结果为本章设计基于手势的 VR 购物系统提供了很多有价值的信息和参考，例如，在我们将要设计的基于手势的沉浸式 VR 购物系统中，哪种类型的功能应当在设计用户界面和系统架构时被重点考虑。

2.2.2　最大化猜想

最大化猜想设计方法是一种自下而上的手势启发式设计方法，近年来在交互设计领域获得了越来越多的关注。在这种方法中，一个手势系统的目标用户被邀请参与手势设计的全过程，设计师将通过图片、动画和影像等不同的媒介形式向用户展示目标任务的形态或者完成效果，当用户看到这些形式的目标任务后需要对此做出针对该任务的最佳手势动作。在此之后，系统设计师将会对所有用户的手势设计方案进行分组合并，然后根据用户之间的一致性规则，例如一致性分数（Agreement Score）、最大一致性和共识率-差异比（Max-Consensus 和 Consensus-Distinct Ratio）、消耗耐力（Consumed Endurance）、分歧率和一致率（Disagreement Rate 和 Co-Agreement Rate）等评价指标来生成一套通用的手势集。

最大化猜想设计方法在很多新兴的智能人机交互产品设计领域中被广泛应用，如表面计算、平板交互、跨设备交互、普适计算、多屏交互、智能电视、大屏幕显示器、智能车载多媒体信息系统、音乐播放器、智能机器人、虚拟/增强现实、智能家居、可穿戴设备、Web 信息导航和博物馆信息展示系统等。

2.2.3 遗留偏见

在人机交互和交互设计领域，遗留偏见这一概念由微软研究院的 Morris 等首先提出。他们认为，在用户参与式设计过程中普遍存在严重的遗留偏见问题，这一问题的根源在于，参与新产品设计的终端用户往往会受到他们以前所积累起来的基于旧的传统产品或者他们比较熟悉的输入/输出设备、用户界面和交互技术中的使用经验影响。Ruiz 等人通过设计实践，对遗留偏见的概念进行了扩展，进一步指出：除了 Morris 所提到的那些直接经验，用户所积累起来的其他方面的先验知识或者二手知识，包括对当前的技术发展水平的了解，以及从现有的流行文化（游戏、科幻小说、电影）中所学习到的知识等。例如，受到汤姆·克鲁斯主演的科幻电影《少数派报告》的启发，终端用户在用户参与式设计中可能会不由自主地做出在空中左划/右划的手势动作来完成地图平移的目标任务。

除了上面所讨论的 Morris 等人、Ruiz 等人和 Vogel 等人所定义的遗留偏见影响要素，本章我们将再次对遗留偏见的定义进行扩展，引入终端用户在当下主流的社交媒体（例如 Facebook、Twitter、微博、微信等）的使用过程中所积累起来的经验和先验知识对他们参与新系统和新产品的交互设计过程所产生的设计偏见和潜在影响。例如，在 Facebook 中，一个竖起大拇指的 emoji 手势符号是一个表达积极反馈的流行手势；与此相反，一个大拇指朝下的 emoji 手势符号则表示强烈反对。

俗话说，每个硬币都有两个面，用户参与式设计中的遗留偏见也是一把双刃剑。一方面，遗留偏见可能促使参与设计的终端用户受遗留经验的影响和启发而设计出高度一致的手势方案，对设计师来说这是不错的结果，因为这表示设计方案具有很强的通用性，在终端用户之间达到很高的共识度。基于此，一些交互设计专家认为遗留偏见应在用户参与式设计中有所保留。

另一方面，遗留偏见则大大限制了用户参与式设计方法的广泛应用。因为基于用户在旧的、已有的产品使用中所积累起来的固有经验，甚至是带有偏见的先验知识来进行新产品和新系统的交互设计，往往会极大地束缚新产品的交互特征和功能，表现在新产品的外形外观、新设备的感知能力以及新系统的交互技术等诸多方面。因此，这会导致启发式设计方法产生十分不理想的设计结果。基于此，其他一些交互设计专家则主张在用户参与式设计中尽量消除遗留偏见所带来的影响。

2.2.4 消除遗留偏见效应的方法

为了消除遗留偏见的影响，并充分挖掘用户的潜能、增加手势设计结果的新颖度和有效性，本节将介绍三种技术，包括生产、启动和合作。

（1）生产。在传统的"最大化猜想"设计方法中，被试只需要为一个给定的目标任务（指示物）设计一个最好的手势。而相比之下，"生产"技术则要求被试为每个目标任务设计多个手势。在此要求之下，被试不得不去思考更多或者说更适合目标任务的手势，而不是仅仅直接简单地将他们已经熟悉的（受遗留偏见影响深远的）手势赋值给目标任务。一些交互设计实践已经验证了这种生产技术有利于消除遗留偏见从而创建更优的手势集。例如，Dow 等证明，让被试在交互设计的最初阶段产生更多想法，可以获得更好的设计方案，然而与此同时也有一些不同的声音。例如，有些设计师反驳说，生产技术在交互设计实践中对于减轻因先验知识所造成的遗留偏见的效果是非常有限的。例如 Hoff 等人和 Chan 等人认为增加手势设计方案的数量不一定能明显减少遗留偏见的影响，因为很多被试表明他们仍然更喜欢脑海中立即浮现出来的第一个手势，而不是之后被强迫多想出来的几个。此外，被试表示他们心中其实早已经有了一个最佳选择，因此一次性设计多个手势会让他们感到力不从心。

总的来说，目前仍缺乏通用的设计规范，用来判定在最大化猜想式交互设计方法中，被试究竟需要设计多少个手势才是最合适的，以及在哪种情况下能够最大限度地消除遗留偏见所带来的影响。

（2）启动。启动效应是认知心理学中的一个概念，它主要描述的是用户之前所受到的某一刺激会对之后受到的同一刺激产生影响。在用户参与式设计方法中，启动效应能够促进被试静下心来仔细思考什么样的手势更适合特定的目标任务。启动能够以多种形式实现，包括但不限于以下方式：实验人员向被试亲身示范、给被试播放一个与任务相关的视频片段，或让实验人员演示一个动作。所有这些不同的方法都有一个相同的目的，即让被试更好地了解如何使用基于手势的交互系统。

最近，一些学者在交互设计实践中应用了启动效应来消除遗留偏见的影响，结果发现，尽管接受了启动刺激的被试比未接受启动刺激的被试更不易受遗留偏见的影响，但这一结果不具有统计学意义。

总的来说，将启动效应作为一种实验刺激加以应用具有一定的前景，值得我们进一步的研究和关注。

（3）合作。合作是指让被试在启发式设计中以小组为单位而不是以个人为单位。目前已有很多交互设计实践证明了在手势启发式设计中采用合作的方式有利于设计方案的优化。例如有研究表明，被试经常会根据合作者的想法而即兴创作。迄今为止，这种方法的应用过程中尚存在许多悬而未解的问题，使得基于合作方式的交互设计成为了一个令人兴奋但又充满未知和挑战的领域。例如，在合作过程中究竟应该有多少名被试参与，合作成员的组成效应是如何影响遗留偏见的。

尽管上述讨论的三种技术都很有潜力，但这些技术都存在不同程度的优缺点，目前仍被人机交互领域的专家激烈讨论着。这些设计方法在实践中的有效性也存在着各种各样的争议。例如，如何量化它们在消除遗留偏见效应方面所起到的作用，它们是如何提高被试的共识度的，又是如何优化启发式设计过程中所产生的手势设计方案的。

2.2.5 基于场景的交互设计方法

传统的最大化猜想设计方法在实践中对参与设计的用户不加任何约束和提示，尽量保证从终端用户那里获取到的设计方案是原汁原味的。但由于终端用户并非专业的设计人员，不具有专业的设计理论和相关经验，并且终端用户之间个体化差异明显，每个用户又受到遗留偏见效果的影响，因此这种方法在实际应用中不尽如人意。与此不同的是，Cafaro 等人在 Johnson 的具象化模式理论的基础上进行了进一步的扩展，提出了一种"基于框架的猜想式设计方法"。与信息系统设计中常用的基于场景的设计方法类似，基于框架的猜想式设计方法能够将被试的手势设计方案聚焦在物理空间和虚拟世界统一的"框架"或"场景"中。实践结果表明，使用基于框架的猜想式设计方法所产生的手势设计方案比使用传统无框架的猜想式设计方法所产生的手势设计方案更优。

与 Cafaro 等人的设计方法不同，本章我们介绍一种新的优化的基于框架的用户参与式设计方法，并讨论这种方法在实践过程中对于启发式手势设计的效果，特别是这种方法对于消除用户的遗留偏见、增加终端用户之间的共识度并且对最终设计产出的手势集质量优化等方面所起到的作用。我们在表 2.1 中对比总结了前人在启发式设计实践中所使用的不同方法，为广大读者提供积极的参考依据。

表 2.1　前人在启发式设计实践中所使用的方法

年份	应用领域	被试数量	目标任务数量	对每个指示物设计的手势数量	使用的方法
2009	表面计算	20	27	1	最大化猜想
2010	跨设备交互	23	20	1	最大化猜想
2011	智能家居	18	23	1	最大化猜想
2011	普适计算	20	19	1	最大化猜想
2011	智能汽车	12	20	1	最大化猜想
2012	音乐播放器	9	6	1	最大化猜想
2012	智能电视	25	15	≥1	小组头脑风暴

续表

年份	应用领域	被试数量	目标任务数量	对每个指示物设计的手势数量	使用的方法
2012	智能机器人	35	11	1	最大化猜想
2012	智能电视	12	12	1	最大化猜想
2012	多屏幕交互	20	6	1	最大化猜想
2012	多屏幕交互	17	16	3	最大化猜想&生产
2013	表面计算	14	27	1	最大化猜想
2013	虚拟现实	22	10	1	最大化猜想
2013	虚拟现实	6	22	1	最大化猜想
2013	增强现实	20	40	1	最大化猜想
2014	智能汽车	40	6	1	最大化猜想
2014	Web 网页导航	25	10	1	最大化猜想
2014	智能家居	30	38	1	最大化猜想
2014	大屏幕显示器	16	8	1	最大化猜想
2014	大屏幕显示器	17	14	5	启动&生产
2014	多屏幕交互	9	8	1	最大化猜想
2014	大屏幕显示器	29	12	1	最大化猜想&启动
2015	跨设备交互	17	19	1	小组头脑风暴
2015	智能眼镜	24	17	3	生产
2015	大屏幕显示器	14	18	1	最大化猜想&软约束
2015	智能电视	34	12	≥1	最大化猜想&生产
2015	智能电视	18	21	1	最大化猜想
2015	增强现实	16	9	1	最大化猜想
2016	音乐播放器	30	14	3	启动&生产
2016	普适计算	16	34	3	启动&生产
2016	智能手表	25	31	1	最大化猜想
2016	智能电视	24	9	1	最大化猜想
2018	智能手环	24	14	1	最大化猜想
2018	普适计算	22	15	2	最大化猜想&生产
2018	智能电视、虚拟现实、智能汽车	30	70	1	最大化猜想

续表

年份	应用领域	被试数量	目标任务数量	对每个指示物设计的手势数量	使用的方法
2018	虚拟现实	32	12	2	最大化猜想&生产
2018	Web 网页导航	30	8	1	最大化猜想
2018	博物馆	89	6	1	最大化猜想&启动
2020	表面计算	45	30	3	最大化猜想

2.3 设计框架

为了解决前面所提到的遗留偏见问题，促使用户参与式设计在实践中取得更好的效果，本节我们将介绍一个基于四阶段的迭代式设计实践项目，并从中归纳总结出一套行之有效的交互设计方法。为了方便读者理解，我们将该方法应用在了基于自然手势的沉浸式 VR 购物环境中，用户使用自定义手势来控制 VR 购物的各种目标任务。通过项目实践，我们同时也探讨沉浸式 VR 购物环境中手势交互的设计空间，尤其是对比分析不同启发式设计方法在实践中的应用效果。

图 2.1 显示了我们所提出的新的基于框架的用户参与式设计方法。该方法可划分为四个不同阶段，而这四个阶段又彼此联系，互相迭代。第一阶段是基于目标产品需求的参与式观察，用来理解典型的沉浸式 VR 购物过程。这一阶段的设计调研经常被流行的启发式设计方法所忽略。在我们的设计方法中，将其作为后续阶段中组织被试进行头脑风暴时的设计框架和主要依据。在第二阶段设计过程中，被试形成小组并进行头脑风暴，围绕着第一阶段所确定的典型的 VR 购物流程来讨论并提取典型的 VR 购物目标任务集。在第三阶段，我们实践了四种不同的用户参与式设计方法，并邀请被试加入不同的交互设计小组中进行项目实践。在第四个阶段，我们进行了基准测试，要求被试对第三阶段所形成的设计方案进行可用性评估，根据被试的评估结果来讨论不同设计方法的优劣性，最后验证我们所提出的基于框架的用户参与式设计方法的有效性。

为了设计一个对用户友好的手势 VR 购物系统，我们首先需要从潜在的终端用户处收集他们的真实需求以及对产品的期待，并确定系统最需要的功能集。与已有的手势启发式设计方法不同的是，我们提出了一套基于框架约束的用户参与式设计方法，并将其应用在基于手势交互的沉浸式 VR 购物系统中进行实践验证。用户全程参与到整个 VR 购物流程设计工作中，并且在每一个设计阶段都有框架的约束，从而保障用户所产出的设计方案的有效性。

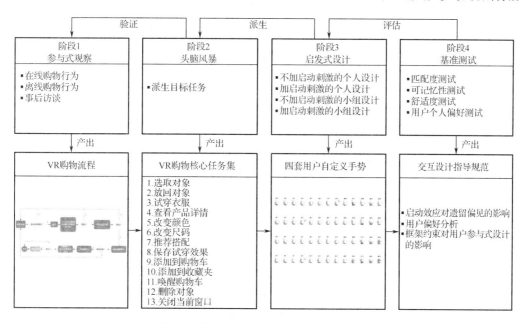

图 2.1　基于框架的用户参与式设计方法

2.4　参与式观察

2.4.1　面向用户线下购物的参与式观察

　　我们招募了 5 名来自不同专业的被试，被试的年龄介于 20～26 岁之间，所有的被试都具有 5 年以上的购物经历。

　　整个过程采用参与式观察法，其中被试需在实验人员的陪同下一起进行线下购物。在购物过程中，要求被试大声说出自己的想法和意图，以及在商品选择过程中的任何真实想法。实验人员在不打扰被试的情况下，默默观察并记录被试的购物行为以及在购物过程中的决策过程。

　　通过观察和收集 5 名被试的线下购物行为，我们收集并总结了一套常规的线下购物行为（以买衣服为例），主要包括以下方面：

　　（1）走到想要购买的衣服所在的目标购物区；

　　（2）在衣架上一件一件地对比衣物；

　　（3）挑选出心仪的衣服并且试穿；

　　（4）征求朋友的意见；

（5）如果款式和材质都很满意就查看衣服标签上的价格；

（6）如果价格也合理可以接受那么就决定购买；

（7）去收银台结账。

2.4.2　面向用户线上购物的参与式观察

重新招募 6 名不同的被试参加面向线上购物的参与式观察。被试的背景同样多样化，包括 IT 白领、市场销售、大学学生以及高校教师。被试的年龄介于 19～28 岁之间，并且他们都具有 5 年以上的网购经历。

在这个实验中，6 名被试在一个自由的环境之下进行在线网络购物。在这个过程中，实验人员坐在被试的后面观察和记录被试的购物行为及活动表现。与线下购物的参与式观察实验类似的是，要求被试大声说出自己的想法和意图，以及中间选择决策过程中的任何想法。这些信息将由实验人员通过摄像头、录音笔等数字设备进行记录。

通过观察和收集 6 名被试的线上购物行为，实验人员收集并总结了一套常规的线上购物行为（以买衣服为例），主要包括以下方面：

（1）通过在线购物网站入口搜索特定款式的衣服；

（2）在结果页中浏览商品；

（3）打开心仪的商品页面并且查看商品细节信息；

（4）检查目标商品的在线评价；

（5）选择合适的尺寸和颜色；

（6）将心仪的商品添加到购物车；

（7）打开购物车再次确认、比较和评估所选的商品；

（8）如果有必要，删除不需要或者不满意的商品；

（9）为购物车中最终选择的商品付款。

2.4.3　事后访谈

在上面所介绍的线上和线下参与式观察结束之后，我们邀请了被试进行半结构化访谈，主要问及以下问题：

（1）线上购物和线下购物各自的优点和缺点是什么？

（2）你对沉浸式 VR 购物的期望有哪些？

对半结构化访谈所收集的数据和关键信息进行分析，实验人员总结得出了目前传统的线上和线下购物的痛点和不足：

首先，对于线上购物，被试大多抱怨以下问题：

"很多时候，对于网店所分享和呈现的商品，我只能查看有限的商品细节。"

"网店的衣服我都没有机会试穿一下看看效果。在很多时候,买家秀和卖家秀呈现出完全不同的效果。"

"网店购物的交互技术十分有限,所有的购物任务只能通过手指在屏幕上点击或滑动来完成,这跟我在线下购物的体验和习惯完全不同。"

"在线购物的沉浸感和体验感都不好。"

其次,对于线下购物,被试抱怨的问题则主要集中在以下方面:

"线下购物的一大缺点就是累。有时候我逛了一天也没找到自己心仪的衣服。"

"线下实体店的试衣间太少了,有时候为了试穿一下想买的衣服需要排好长时间的队。"

除此之外,不管是线下还是线上购物,都有很多被试主动提出需要一个能够融合线上和线下购物优点的平台,而基于 VR 的沉浸式系统则很大程度上能够满足这一需求。基于线上和线下的参与式观察及事后访谈结果,实验人员得出了一个典型的沉浸式 VR 购物流程,如图 2.2 所示。

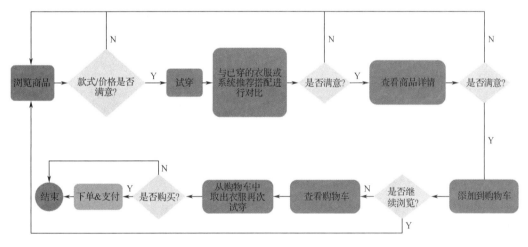

图 2.2　典型的沉浸式 VR 购物流程

2.4.4　小结

传统的用户参与式设计方法在实践应用中具有一定的缺陷。例如,在需求分析阶段,很多系统都是从专业的交互设计师的视角提供目标功能,而缺乏有效的田野调查和参与式观察。根据系统专家所指定的功能,用户被要求完成一系列手势设计。大量的产品交互设计实践已经证明,这种方法很可能在设计师和用户之间产生分歧,即设计师认为的那些有效的、好用的手势未必会被用户所接受和喜欢,从而导致用户偏好度下降并降低用户体验。

本节我们将参与式观察的方法应用在沉浸式 VR 系统的需求分析和功能导出阶段，旨在探索交互上下文和框架约束是如何影响用户设计方案的。基于用户的线上和线下购物行为观察，我们派生了一套典型的沉浸式 VR 购物流程。该流程充分考虑和体现了用户的实际需求并有效融合了线上和线下购物的优点，为下一阶段的目标任务和手势设计提供了清晰的上下文情景约束和统一的参考框架。根据进一步的事后访谈结果，我们再次验证了这样一个基于手势交互的沉浸式 VR 购物系统在现实生活中存在的必要性。上述这些工作为后续的几个交互设计模块和流程奠定了坚实的基础。

2.5　头脑风暴

基于 2.4 节所介绍的参与式观察，我们得出了一套基于手势交互的沉浸式 VR 系统的目标任务集合。接下来我们组织了一场头脑风暴，邀请被试参与目标任务和使用情景的讨论，一方面验证上一阶段所派生的交互流程的有效性，另一方面也希望能通过头脑风暴梳理设计思路，进一步提炼上一阶段所得出的目标任务集合。

2.5.1　头脑风暴过程

基于上一阶段所产出的典型购物流程，我们组织了一场头脑风暴会议。会议邀请了 10 名被试，主题是讨论在沉浸式 VR 购物环境中进行购物时系统需要提供的最核心的目标任务。被试来自不同的专业，年龄介于 21～24 岁之间。所有被试都具有 3 年以上的购物经历，并且这 10 名被试中没有人参与过上一阶段的田野调查。图 2.3 展现了头脑风暴的场景。

图 2.3　头脑风暴会议

由于所有 10 名被试均无使用基于手势交互的沉浸式 VR 系统的先验知识，因此为了保证头脑风暴讨论的有效性，我们开发了一个沉浸式虚拟家居系统，并邀请被试在参加头脑风暴之前亲身体验 VR 场景。这一做法的主要目的是希望被试熟悉和了解沉浸式 VR 系统，当戴上 VR 头盔之后与所呈现的虚拟世界交互时，被试能够对自身的前庭感知和运动感知能力有一定的熟悉和把握，并且能够习惯 VR 头盔所带来的一定程度的眩晕感，从而确保头脑风暴过程能够高质量进行。另外我们也希望借此机会让被试熟悉实验环境和目标系统提供的功能，从而提出更实用的功能集合。

在头脑风暴过程中，我们将 VR 购物流程打印出来，以纸质版的形式展示给被试，作为头脑风暴讨论的框架依据。被试将围绕以下问题展开讨论：

（1）沉浸式 VR 购物系统至少需要提供哪些功能或任务？

（2）哪些任务是适合用手势来完成的？

（3）在沉浸式 VR 环境下使用自然手势交互的优缺点分别是什么？

（4）满足上述条件的手势 VR 购物系统提供多少个手势是最合适的？

整个头脑风暴过程持续了 1.5h。根据头脑风暴的结果，我们让被试在一个 5 分李克特量表上（1=最差，5=最好）根据重要性和使用频率投票选出最核心的任务集。一个任务要成为最核心的任务需要满足以下两个条件：

（1）至少有 50%的用户选择了这个任务。

（2）这个任务的平均分必须超过 3 分。

最终，我们挑选出了 13 个最重要的手势任务集，如表 2.2 所示。

表 2.2　最核心的手势任务集

序　　号	任　务　描　述
1	选择一个对象
2	释放一个对象
3	试穿衣服
4	查看产品详细信息（例如尺寸、生产地点、品牌、材料以及网上用户的评论意见）
5	更换颜色
6	更换尺码
7	推荐搭配（调用一个对话框，系统将根据用户先前的购买偏好和习惯为用户提供推荐的衣服搭配方案）
8	保存试穿效果
9	添加到购物车
10	添加到个人收藏夹列表

序　号	任 务 描 述
11	唤醒购物车
12	从购物车中删除一个对象
13	关闭当前窗口

2.5.2　小结

在传统的用户参与式设计方法中，目标系统的功能集都是由专业的系统设计师从专业的视角出发而事先固定设置好的，往往缺乏对这些功能集进行的实地考察和研究。在随后的手势启发式设计中，被试直接针对这些目标任务设计手势集，从而很可能造成最终生成的是不符合实际需求的目标功能及手势集。

本节我们介绍了一种方法，通过实地的田野调查，在实际的应用情景（线上/线下购物）中帮助系统设计人员准确地发现实际需求。基于对终端用户线上线下购物行为的观察，得到一个典型的购物流程，并将其作为后续阶段头脑风暴的参考框架。通过分析头脑风暴的结果，我们发现上一阶段的购物流程的确会影响目标任务集的设计。这个流程能够帮助被试推导出相互关联的目标任务，因为这些任务都被限定在一个特定的 VR 购物框架（场景）中，从而保持属性一致。例如，很多被试表示，当在购物中心进行线下购物时，他们会拿出手机拍照并保留当时的试穿效果，目的是为了与之后试穿的其他衣服进行比较。因此，在头脑风暴会议中，很多被试也要求有一个对应的任务（任务 8（保存试穿效果））以匹配任务 3（试穿衣服），而传统的基于手势的 VR 购物应用中往往忽略了这个任务。因此，通过实践证明了我们所提出的购物流程可以通过将被试限制在同一设计框架中来提高目标任务的可发现性，继而提高手势启发式设计实践的有效性。

并且，我们确信在用户参与式设计实践中设计人员主动参与田野观察并组织头脑风暴，以识别终端用户真正的核心任务需求及手势集是必要的。相比于传统的设计方法中仅仅由设计师一厢情愿地罗列出一些所谓"典型"的核心功能集，我们的方法具有一定的先进性。

此外，我们所提出的沉浸式 VR 购物流程充分结合了现实世界场景中线上和线下购物流程的优点，并为后续几个阶段的手势用户参与式设计提供了明确的交互情景和参考框架。例如，在传统的线上购物中，用户不能试穿想要买的衣服。相比之下，在 VR 购物中，他们可以像线下购物一样，通过自然手势抓取并试穿喜欢的衣服。与此同时，用户在 VR 购物时可以避免线下购物时经常出现的身体疲劳、没有试衣间等尴尬情况。正如被试所说的那样：

[线上购物] *"在传统的线上购物中，我不能试穿自己想要买的衣服，而且很多时候衣服穿在我身上的效果和图片所展示的模特穿在身上的效果完全不一样。"*

[线上购物] *"交互方式仅仅局限于手指点击或滑动，与我平时在实体服装店的购物模式明显不同。"*

[线上购物] *"在传统的线上购物系统中我没有很强的沉浸式体验和在场感。"*

[线下购物] *"现实商场里的试衣间数量有限，有时我排队需要等很久。"*

[线下购物] *"在现实商场里购物实在是太累了。我经常找不到想要的衣服，甚至有时找了一天也找不到。"*

[VR购物] *"基于VR的沉浸式购物系统能够整合线上和线下购物的优势。"*

2.6 用户参与式设计

正如前面所分析的那样，传统的用户参与式设计方法面临严重的遗留偏见问题。本章我们介绍一种新的用户参与式设计方法，引入认知心理学中的"启动"刺激来消除遗留偏见的负面作用。一些早期的文献研究曾经提出的"启动"技术可能是减少遗留偏见影响的一种潜在的可行方法，但仅仅停留在假设阶段，并没有实证研究提供充分的证据。本章我们重新讨论这个问题，从实证研究的角度进行交互设计实践，基于实际项目中的科学问题来提出科学假设并进行科学验证。在此过程中所涉及的交互设计方法、统计数据分析及根据设计结果所得出的设计指导，将对学术界和工业界相关的交互设计实践者提供积极的参考依据。

首先，我们提出了两个科学假设：

H_1：启动技术会降低遗留偏见的影响。

H_2：在 H_1 成立的基础上，由于遗留偏见的减少会导致被试之间的共识度降低，因此启动技术将会产生更多样的手势。

2.6.1 实验设计

传统的手势启发式设计实践通常采用面向个体的设计方法或面向群体的设计方法，因此，我们在这个项目实践中将两种方法都考虑进去，产生了四组实验处理：个体无启动设计（Non-Priming in Individual Design，NPI）、个体有启动设计（Priming in Individual Design，PI）、群体无启动设计（Non-Priming in Group Design，NPG）和群体有启动设计（Priming in Group Design，PG），如表 2.3 所示。

表 2.3　四种不同的实验处理

	无启动处理	启动处理
个体设计	NPI	PI
群体设计	NPG	PG

在四种不同的实验处理过程中分别采用不同的手势启发式设计方法。

在 NPI 的实验处理中，我们采用了传统的手势启发式设计方法，也就是说在没有任何启动刺激的情况下，被试需要为每个给定的目标任务设计一个最佳手势。

相比之下，在 PI 的实验处理中，被试均需要接受启动刺激，即实验人员要求所有被试在正式的手势设计流程前完成一系列沉浸式 VR 厨房的烹饪任务，如图 2.4 所示。尽管这些任务也是在 3D 的 VR 场景中完成，但都与正式实验任务不同，因此没有人知道接下来的正式实验任务是什么。我们选择沉浸式 VR 厨房作为外界施加的启动刺激有两个原因：

图 2.4　启动刺激（用户正在完成一套规定的烹饪任务）

（1）希望通过一个外部限定的框架或场景（启动刺激），正确高效地引导被试创造更多与正式实验同质的 3D 手势，而不是像很多传统的启发式设计得出来很多与 3D 购物场景不匹配的 2D 手势（例如点击、双击、滑动等）。虚拟厨房则满足这一需求，因为在完成烹饪任务过程中，用户也需要使用双手进行对象的抓取和旋转等操作，正如他们在正式的 VR 购物中同样需要使用双手来完成操作任务，二者具有相同的逻辑和心智模型。

（2）虚拟厨房中的烹饪任务与最终在沉浸式 VR 场景中的购物任务都包含了 3D 场景中的导航漫游、系统控制等 3D 虚拟现实交互技术，有些类似但又有所不同，可以在不影响实验变量的基础上达到有效的外部启动刺激，保障在正式的启发式设计中受启动和未受启动刺激实验条件的公平性。

在 NPG 的实验处理中，要求被试组成一个小组而不是单独地参加手势启发式设计实践。所有被试形成的小组作为一个整体的单元进行头脑风暴，为每个目标任务选取最适合的手势。

相较于 NPG，在 PG 的实验处理中，被试组成的小组需要在参与正式的启发式设计实践之前先接受启动刺激，类似于 PI 那样去完成一系列事先规定的沉浸式 VR 厨房中的烹饪任务。此后，他们需要通过小组讨论和合作完成目标任务的手势设计。

基于这两个科学假设，我们预期在有启动刺激（PI 和 PG）的条件下被试所设计的手势集将会比对应的无启动刺激（NPI 和 NPG）条件下所设计的手势集具有更高的一致性和相关性。

2.6.2　被试

我们招募了 74 名被试，男女比例相等。他们的年龄介于 20～28 岁之间。被试具有不同的职业背景，包括程序员、市场营销专家、家庭主妇、大学生和大学教授。所有被试都具有三年以上的购物经历，且他们中没有人曾经用过基于自然手势的沉浸式 VR 购物系统。

2.6.3　实验设备

本实验在一个可用性实验室中进行。实验环境包括一台 PC、一个 Leap Motion 深度传感器和一套 HTC Vive 系统。PC 主要用来处理被试 HTC 手柄控制器的输入信息，同时将沉浸式 VR 场景传输到 HTC 显示器上。我们也使用了一个 Web 网络摄像头记录被试在实验过程中的手势行为和声音。

2.6.4　实验过程

实验开始之前，实验人员向被试简单介绍实验目的、任务和实验要求，并请被试签署知情同意书。之后，每名被试会被随机分配到四种不同的实验处理中。

在 NPI 中，实验人员首先向被试展示一个包含 13 个目标任务的列表，然后要求他们为每个任务设计一个最佳手势。传统的启发式设计方法通常将目标任务（指示物）逐一呈现给被试，被试一旦设计完手势之后就无法更改。与此不同的是，我们将所有的目标任务作为一个整体呈现给被试。这 13 个目标任务是基于先前两个实验阶段所导出的特定的购物流程而设计的，并且在同一购物流程中的不同任务之间可能会互相提供交互上下文。另外，考虑到购物任务的完整性，如果遇到更好的选择，被试可以在正式实验完成之前改变他们原来的手势设计方案。共有 30 名被试参与了 NPI 的实验处理过程。

与 NPI 处理的实验过程相比，PI 处理的实验过程增加了一个环节，每个被试需要在 HTC Vive 提供的沉浸式 VR 厨房中完成一套烹饪任务，作为实验处理的启动刺激。这个启动刺激步骤之后的手势设计任务与 NPI 处理的实验过程完全相同。有 30 名被试参与了 PI 的实验处理过程。

在 NPG 实验处理中，要求 7 名被试作为一个小组对 13 个目标购物任务所对应的最佳手势进行头脑风暴。与 NPI 处理中的被试相似，这些被试都没有接受外部的启动刺激。

PG 实验处理由另外 7 名被试进行，他们首先需要完成与 PI 处理中相同要求的烹饪任务而接受外部启动刺激，接下来对 13 个目标购物任务所对应的最佳手势进行头脑风暴。

在实验过程中，我们使用了"出声思维（Think-Aloud）"的方法记录在手势设计过程中被试的口头解释。实验结束后，被试需要完成一份关于他们个人信息的人口统计学问卷，包括年龄、性别、专业背景、VR 技术和手势设计的相关经验，以及一些关于本次实验的开放性问题，例如，他们认为什么任务是难以设计的，为何如此；是什么启发他们设计了当前的手势；在设计这些手势时，他们想到了哪些相关的对象或事情等。整个实验持续了大约 30～50min。

2.6.5　实验结果

这一部分首先介绍如何对用户自定义手势分类分组，接下来我们将计算被试之间的一致性分数以评估被试之间的共识度。

1. 手势合并与分组

对于小组设计，由于每个协同设计小组在头脑风暴会议后为 13 个目标任务设计了唯一的一套手势。因此，我们在两个实验处理（NPG 和 PG）中一共获得 26 个手势（2×13）。

对于个体设计，按照两个处理组（NPI 和 PI）、每组 30 名被试、总共 13 个目标任务来计算，我们收集了 780 个手势（2×30×13）。接下来，使用分组合并策略，对相同或相似的手势进行分类。分组合并策略由 4 名在手势设计和虚拟现实交互领域有着多年实践经验的专家组成，对每个目标任务所收集到的手势数据进行合并和分组，分组合并策略如下：

（1）针对手形姿态或运动轨迹完全相同的手势，直接将它们视为一个手势。

（2）针对手形姿态或运动轨迹相似但有轻微差别的手势，我们调出用 Web 相机和录音笔所捕获记录下的影像/音频文件资料进行重新播放，基于被试在"出声思维"过程中的口头解释，由 4 名专家讨论是否将它们分为同一组。

最后我们从 NPI 处理中获得了 153 组相同手势，从 PI 处理中获得了 142 组相同手势。

2．无启动处理和有启动处理刺激的手势类别（手势组）数量的对比

图 2.5 比较了 NPI 和 PI 处理所产生的手势组数。

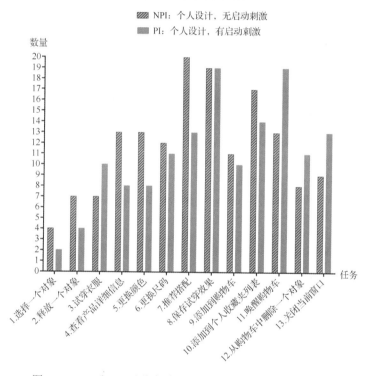

图 2.5　NPI 和 PI 两种实验处理所产生的手势组数量对比

总的来说，13 个 VR 购物任务中 NPI 和 PI 处理所产生的手势组数量的平均值分别为 11.77（SD = 4.833）和 10.92（SD = 4.958）。尽管 PI 实验处理产生的手势组数量平均值略低于 NPI 处理，但两者之间没有显著性差异（t_{12} = -0.780，p = 0.451）。

3．无启动处理和启动处理共识度比较

我们使用 Vatavu 等人所提出的手势一致率公式来计算不同被试所设计的手势之间的共识度：

$$\mathrm{AR}(r)=\frac{|P|}{|P|-1}\sum_{P_i\subseteq P}\left(\frac{|P_i|}{|P|}\right)^2-\frac{1}{|P|-1} \qquad (1)$$

其中，P 为针对目标任务 r 所有被试设计出来的所有手势的集合；$|P|$ 为集合的数量大小；P_i 代表 P 中具有相同属性的同类手势集。

一致性分数（AR）体现出被试对同一个目标任务所设计的手势的共识程度，其中，分数越高表明被试越有可能为同一目标任务选择相同的手势。

在为所有的目标任务都计算出一致性分数的基础上，我们比较了 NPI 和 PI 处理之间的共识度差异（图 2.6）。

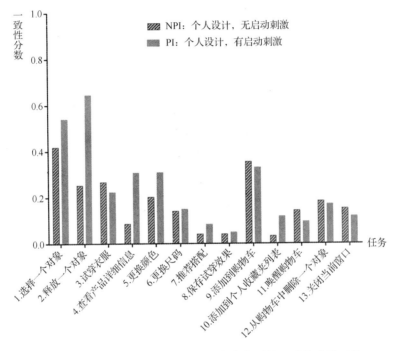

图 2.6　NPI 和 PI 两种实验处理所产生的手势一致性分数对比

总的来说，13 个 VR 购物任务中 NPI 和 PI 处理的一致性分数平均值分别为 0.178（SD = 0.120）和 0.241（SD = 0.182）。虽然 PI 处理的平均值分数略高于 NPI 处理，但两者之间无显著性差异（$t_{12}=-1.789$，$p=0.099$）。

在 NPI 实验处理中，任务 1（选择一个对象）获得了最高的一致性分数 0.418。用户针对该任务总共设计了 4 个自然手势，其中一致性最高的手势"用食指轻拍"，共由 17 名被试设计产生。相比之下，任务 10（添加到个人收藏夹列表）获得了最低的共识分数 0.032。用户针对该任务总共设计了 17 个手势，而一致性最高的手势"拍手"只由 4 名被试设计产生。

在 PI 实验处理中，任务 2（释放一个对象）获得了最高的一致性分数 0.644。用户针对该任务总共设计了 4 个手势，其中一致性最高的手势"张开手"由 24 名被试设计产出。相比之下，任务 8（保存试穿效果）获得了最低的一致性分数 0.048。用户针对该任务总共设计了 19 个手势，其中一致性最高的手势"竖起大拇指"只由 5 名被试设计产出。

在 NPG 和 PG 实验处理中，被试以组为单位经过头脑风暴为 13 个目标任务设计了一系列手势，因此我们无须计算这两组实验处理的一致性分数。

4. 受遗留偏见影响的手势数量统计

在统计受遗留偏见影响的手势数量时，主要参考了被试在实验过程中针对特定目标任务选择他们认为最合理的手势时的口头解释，以此作为他们在交互设计中的心智模型。这些口头解释内容可以通过回放"出声思维"过程中所保留的音视频资料得到。这种方法在以往的手势启发式设计实践中也经常用到。例如，有被试说：

"我想在任务 4 中用拇指和食指张开的手势来查看产品细节，就像我平时在手机上放大图片一样。"

其他例子还包括任务 1（选择一个物体）：

"食指轻拍的手势，就像点击鼠标左键一样。"

以及对任务 5（更改颜色的解释）：

"用食指向右滑动的手势，就像在我手机上用滑动手势一样。"

根据统计结果，我们从 NPI 的 30 个被试中获得了 199 个受遗留偏见影响的手势，从 PI 的 30 个被试中获得了 167 个。两组实验处理的每位被试在手势设计中全部都受到了遗留偏见的影响。NPI 和 PI 两组实验处理中产生的受遗留偏见影响的手势的平均数量分别为 6.63 和 5.57。

因为在 NPG 和 PG 两组实验处理中被试在经过集体讨论后获得了一致认同的唯一的一套手势集，因此我们仅仅从最终产生的手势集中统计计算受遗留偏见影响的手势，而不予统计用户在集体讨论过程中的个人遗留偏见影响。最终，我们从 NPG 中获得了 6 个受遗留偏见影响的手势，从 PG 中获得了 3 个。

5. 无启动刺激和有启动刺激两种情况下受遗留偏见影响的手势数量比较

对于个体设计而言，在 NPI 和 PI 两个不同实验处理组中产生的受遗留偏见影响的手势的平均数量分别为 6.63（SD = 2.092）和 5.57（SD = 1.832）。两组处理间存在显著性差异（$t_{58} = 2.101$，$p = 0.040$）。在群体设计中，NPG 和 PG 两个不同实验处理中所产生的受遗留偏见影响的手势数量分别为 6 和 3。图 2.7 对比了无启动刺激和有启动刺激两种情况下受遗留偏见影响的手势数量。

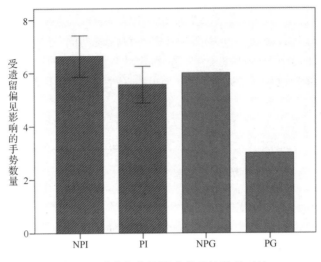

图 2.7 受遗留偏见影响的手势数量对比

6．面向沉浸式 VR 购物系统的用户自定义手势集

根据实验结果，我们生成了四套面向沉浸式 VR 购物系统的用户自定义手势集，如图 2.8 所示。

2.6.6 小结

本实验要求被试在四组不同的实验处理中为 13 个目标任务分别设计一个最佳手势。各组实验处理分别使用不同的手势启发式方法来让被试设计最自然的手势。实验结果表明，有启动刺激和无启动刺激两种不同的实验处理在手势组数上的平均值和一致性分数两个方面都没有显著性差异。因此，我们不能接受 H_2 假设。虽然没有证据表明启动刺激确实能够产生更多种类的手势，但我们的实践结果表明，启动刺激能够显著减少受遗留偏见影响的手势的数量，即假设 H_1 可以被接受。

此外，本实验还发现了一些有趣的结果：

（1）对于假设 H_1，我们观察到受遗留偏见影响的手势的平均数量从 NPI 的 6.63 减少到 PI 的 5.57，减少了 16%。两组实验处理之间也有显著性差异（$p = 0.040$）。例如，对于任务 1（选择一个对象），NPI 的大多数被试在 VR 购物环境中使用"食指点击"的手势，这是由于受到他们之前使用传统的基于鼠标的图形用户界面的影响。相比之下，PI 中的被试更喜欢"抓握"手势，这是由于受到本实验前的沉浸式 VR 厨房中提供的烹饪任务的影响。因此，我们认为启动刺激可以帮助减少用户的遗留偏见。

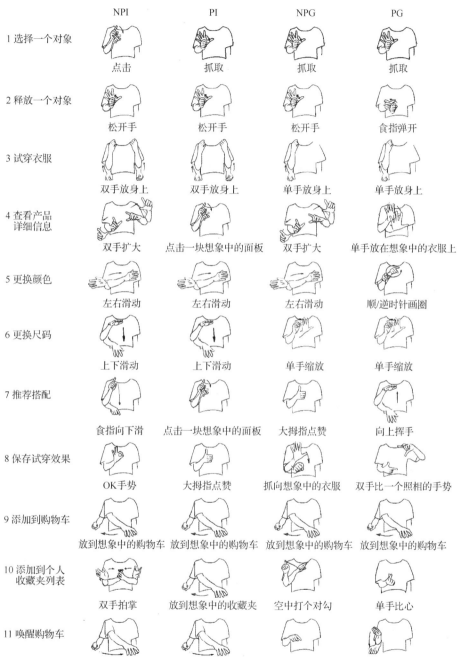

图 2.8　面向沉浸式 VR 购物系统的用户自定义手势集

12 从购物车中
删除一个对象

拿出扔掉　　　拿出扔掉　　　拿出扔掉　　　拿出扔掉

13 关闭当前窗口

双手在胸前比X　双手在胸前比X　单手空中画X　挥手做拜拜状

图 2.8　面向沉浸式 VR 购物系统的用户自定义手势集（续）

（2）对于假设 H_2，虽然我们无法验证启动刺激和无启动刺激两个实验组之间存在显著性差异，但是我们观察到同类手势的组数从 NPI 的 11.77 减少到 PI 的 10.92，降低了 7.2%。同时一致性分数从 NPI 的 0.178 上升到 PI 的 0.241，上升了 35.4%。这个结果与 Morris 等人和 Ruiz 等人的研究的结果相反。

（3）与传统的手势启发式设计方法相比，我们的方法在手势启发的先验阶段整合了一个典型购物过程，这可以促使被试在一个更加统一的框架中设计手势。例如，在任务 5（更换颜色）和任务 6（更换尺码）中，大多数被试提到：

"*这两个任务非常相似。因此，我将在任务 5 中选择'左右滑动'的手势，在任务 6 中选择'上下滑动'的手势。*"

在任务 9（添加到购物车）和任务 12（从购物车中删除一个对象）中也发现了类似结果。正如被试所说：

"*我希望附近有个购物车。因此，我在任务 9 中使用'放到想象中的购物车'手势，在任务 12 中使用'从想象中的购物车中拿出扔掉'的手势。*"

（4）在完成了手势启发式设计过程之后，被试还可以回过头来继续对所设计的手势进行修改和更新，直到他们对结果满意为止。这一点与传统的启发式设计方法也有所不同，因为很多传统方法在被试设计完成后，设计师立即对设计方案进行汇总和筛选了。我们认为这一设计策略有助于提高用户自定义手势集的整体一致性，正如一些被试所说：

"*我一直用单手手势完成例如'选择对象'，'释放对象'和'试穿衣服'这样的任务。因此，我决定把初始阶段为任务 10（添加到个人收藏夹列表）所设计的双手手势'两只手比心'改为单手手势'单手比心'，以保持整个手势集的一致性。*"

2.7　可用性评估

前三个用户参与式设计实践帮助我们了解了沉浸式 VR 购物应用中最需要的核心功能以及这些功能所对应的最自然的手势，我们的实验研究最终得到了四组用户自定义手势集。由于手势启发式设计方法本身的开放性，目前尚不清楚哪组用户自定义手势在实践中能够取得更好的效果。因此，我们在本节介绍一种基准测试方法，用来评估这四组用户自定义手势的匹配度、记忆性、舒适度和用户偏好。此外，我们还希望进一步比较在特定应用场景的交互实践中，四种手势启发式方法在设计产出用户自定义手势集方面的效果。本部分我们提出了第三个实验假设：

H_3：由于遗留偏见的影响减弱，受启动刺激而设计产生的手势集会比无启动刺激设计产生的手势集可用性更高。

实验要求所有被试评估每个任务对应的四个手势。具体来讲，我们想了解被试在多大程度上可以将手势与对应的目标购物任务相匹配（匹配度）、记住目标购物任务所对应的手势的难易程度（记忆性）以及手势执行起来的难易程度（舒适度）。实验还要求被试根据个人喜好选择一套最好的手势集。

2.7.1 被试和实验设备

我们从某大学招募了 30 名被试（14 名男性和 16 名女性）。他们的年龄在 18～25 岁之间，来自不同专业背景，包括计算机科学、环境工程、交互设计、新闻学和生物医学工程。在进行本实验之前没有人使用过基于手势交互的沉浸式 VR 购物系统，也没有人参加过先前的三个实验。

本实验与第三个阶段实验一样，都在同一个可用性实验室中进行，但是与之前不同的是，被试并非设计新的手势，而是需要基于手势的匹配度、记忆性、舒适度以及主观偏好等几个评估指标，比较这四套手势集并且需要使用"出声思维（Think-Aloud）"方法给出为什么选择某个手势的口头解释。因此，本实验仅仅对被试录音而不需要进行视频捕获，实验设备如图 2.9 所示。

图 2.9　基准测试实验环境

2.7.2　实验过程

实验开始前，实验人员首先向被试介绍了本次实验的目的、实验任务和要求，并请他们签署了知情同意书。

被试需要评估的这四组手势集派生于前一个实验的四个不同实验处理过程。如果一个手势是静态的，那么实验人员将候选手势以静态图像的形式展现给被试；如果一个手势是动态的，那么实验人员将候选手势以视频形式展现给被试，并在此基础上提供了目标任务和对应的上下文情景的文本描述。

本实验过程包含四个不同的阶段。第一阶段主要目的是评估四组用户自定义手势的匹配度。首先，实验人员向被试提供一张包含 13 个目标任务的列表。接着实验人员向被试展示一套提前准备好的用户自定义手势视频片段。然后，实验人员要求被试按照手势与其目标任务的匹配程度进行配对。如果被试给出了错误的配对关系，将会被记作 1 次错误。

第二阶段主要目的是测试用户自定义手势的可记忆性。实验人员在 iMac 的屏幕上向被试提供了 13 个任务名称和相应的用户自定义手势列表。然后，被试需使用 7 点李克特量表（1 = 非常困难，7 = 非常容易）来评估手势记忆的难度。鉴于四个手势集中有许多重合手势，因此被试只需要比较四个手势集中不同的手势即可。

第三阶段主要目的是测试用户自定义手势的舒适度。首先，实验人员在 iMac 屏幕上向被试展示 13 个目标任务的列表，然后要求被试做出相对应的手势动作。为了提高实验的有效性，13 个目标任务的顺序被随机平衡。与第二阶段类似，被试只需要比较四个手势集之中不同手势的舒适度即可，重复的手势不再进行比较。完成任务后，被试使用 7 点李克特量表（1 = 非常舒适，7 = 非常疲劳）对用户自定义手势的物理舒适度进行评分。

最后，在第四阶段，实验人员要求所有被试根据自己的个人偏好选择一套最佳手势。

在所有的四个阶段中，实验人员都要求被试口头解释为什么选择某一个手势，并记录他们的选择标准和原因。

2.7.3　实验结果

本节我们将介绍四套不同的手势集在基准测试中的表现。

首先，在匹配度方面，NPI 和 PI 的平均错误率分别为 5.57（SD = 2.359）和 4.33（SD = 1.988）。通过对两组配对样本 t 检验进行比较，发现 NPI 和 PI 间存在显著性差异（$t_{29} = 2.564$，$p = 0.016$）。NPG 和 PG 的错误平均数分别为 5.20（SD = 1.690）和 4.07（SD = 2.303）。同样地，通过对两组配对样本 t 检验进行比较，我们发现 NPG 和 PG 之间也存在显著性差异（$t_{29} = 2.524$，$p = 0.017$），如图 2.10 所示。

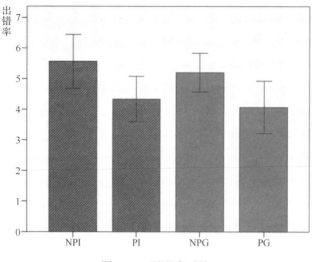

图 2.10 匹配度对比

在可记忆性方面，NPI 和 PI 的平均得分分别为 4.30（SD = 1.489）和 5.40（SD= 1.221）。通过使用 Wilcoxon 符号秩和检验，发现 NPI 和 PI 之间存在显著性差异（$Z = -2.432$, $p = 0.015$）。NPG 和 PG 的平均得分分别为 3.67（SD = 1.647）和 4.50（SD = 1.503）。通过 Wilcoxon 符号秩和检验，同样发现 NPG 和 PG 之间存在显著性差异（$Z = -2.627$, $p = 0.009$），如图 2.11 所示。

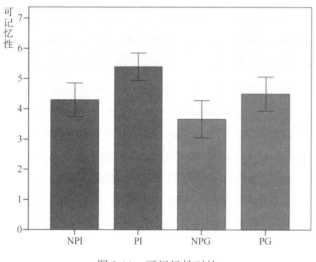

图 2.11 可记忆性对比

在舒适度方面，NPI 和 PI 的平均得分分别为 3.87（SD = 1.432）和 3.23（SD = 1.104），通过 Wilcoxon 符号秩和检验，发现 NPI 和 PI 之间存在显著性差异（$Z = -2.427$,

$p = 0.015$）。NPG 和 PG 的平均得分分别为 3.30（SD = 1.418）和 3.50（SD = 1.757），使用 Wilcoxon 符号秩和检验，发现 NPG 和 PG 之间不存在显著性差异（$Z = -0.762$，$p = 0.446$），如图 2.12 所示。

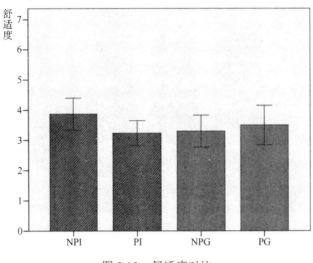

图 2.12　舒适度对比

在用户主观偏好方面，四套手势集之间存在显著性差异：$\chi^2 (3) = 16.133$，$p = 0.001$。被试倾向于选择受启动刺激影响后设计产出的手势集，具体表现为：在个体设计中，有 16 名被试（53.3%）选择了 PI，5 名（16.7%）选择了 NPI；在群体设计中，有 8 名被试（26.7%）选择了 PG，只有 1 名被试（3.33%）选择了 NPG，如图 2.13 所示。

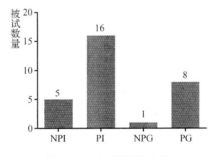

图 2.13　主观偏好比较

2.7.4　小结

在匹配度方面，两种受到启动刺激之后所产生的手势集都明显优于对应的无启动刺激所产生的手势集：PI vs. NPI（$p = 0.016$）和 PG vs. NPG（$p = 0.017$）。主要原因在于手势与对应任务进行匹配时，PI 和 PG 的被试分别比 NPI 和 NPG 的被试犯错误明显更少。例如，在 PI 中只有 3 名被试在任务 10 中犯了错误，而在 NPI 中有 16 名。同样的，在任务 8（保存试穿效果）中，在 PG 中只有 7 名被试犯了错误，而在 NPG 中则有 30 名犯错。被试表示，PG 中"双手比一个照相的手势"非常形象好记并且与目标任务非常匹配。相比之下，在 NPG 中，"抓向想象中的衣服"这个手势没有明确的语义，存在指代不明的问题。

在可记忆性方面，由 PI 产生的手势集明显优于由 NPI 产生的手势集（p =0.015）。被试解释 PI 中的手势比 NPI 中的更加直观，且不需要去刻意记忆。例如，任务 10（添加到个人收藏夹列表）中，与 NPI "双手拍掌"的手势相比，PI "放到想象中的收藏夹"更加自然且好记。尽管 NPI 中的拍手动作看起来非常酷炫并且像是具有魔力一般，但被试在使用它时必须正确地回忆它与相应的目标任务之间的语义映射。许多被试表示，手势与对应目标任务之间的匹配度会影响手势集的可记忆性，即手势集的错误配对次数越多，被试在记忆手势时也越困难。PI 的匹配度平均得分明显高于 NPI 的匹配度平均得分这一事实可验证这一结论。

在舒适度方面，大多数被试通过一些常规的疲劳度标准来评估手势。例如，很多被试表示："双手的手势比单手手势更累""大范围的手势运动更容易让人疲惫"。这些评估指标反映了 NPI 产出手势的疲劳度明显高于 PI 产出手势的疲劳度（p=0.015）。NPG 和 PG 间没有发现显著性差异。

接下来，我们比较了被试所设计的四套手势集受用户喜爱的程度。NPI 和 NPG 产出的手势集不如 PI 和 PG 产出的手势集受欢迎，这可能是由于 NPI 和 NPG 中有更多令人困惑或指代不明的手势。例如，在 NPG 中，包括"抓取""松开手""抓向想象中的衣服""双手扩大""大拇指点赞""空中打个对钩""单手空中画×"等几个手势，被试普遍认为它们指代模糊而将其标记为不喜欢的手势。

在 NPI 产出的手势集中，"双手拍掌"是最不受用户喜爱的手势，因为拍掌会发出很脆响的声音，从而让被试感到尴尬和困惑，在周围有人的情况下更是如此。此外，这个手势既可以表示"是"，也可以表示"打开/合上某个对象"，因此在实际使用过程中能够会存在歧义。另外，任务 11（唤醒购物车）所对应的手势和任务 12（从购物车中删除一个对象）所对应的手势具有相似的手形和运动轨迹，在实际应用中很容易混淆并发生误操作的情况。同样的情况也发生于任务 6（更换尺码）所对应的"上下滑动"手势以及任务 7（推荐搭配）所对应的"用食指向下滑"手势。

在 PG 产出的手势集中，"顺/逆时针画圈"被评为最差的手势，因为它的动作范围很大。有趣的是，四名男性被试表示他们不能接受"单手比心"手势，因为感觉这个手势过于阴柔。其他 3 个手势，包括"单手缩放""向上挥手"和"单手放在想象中的衣服上"，都因语义模糊而不被接受。

在 PI 产出的手势集中，只有"松开手"和"大拇指点赞"由于语义模糊被评为不受欢迎的手势。其他 11 种手势都能很好地匹配对应的任务，在日常生活中也很常见。因此，整体来说它们更受被试的喜爱。

2.8 设计启发

遗留偏见是用户参与式设计实践中不可避免的问题。有的设计专家提倡对其充分利用，理由是被试更趋向于设计出已经在现有界面和技术中流行的手势（受遗留偏见的影响），这也会导致较高的一致性分数和共识度。因此，专业的系统设计师更容易做出决策，找出受到普遍认可的手势设计方案，从而满足大多数人的需求（最具共识度的手势）。但是，也有其他一些设计专家建议要减少遗留偏见的影响，因为它可能使手势启发式设计实践结果陷入局部最优解，从而无法设计出更适合于目标系统的手势集。总的来说，目前在交互设计领域仍然缺乏可供设计师和终端用户参考的通用的启发式设计指南和规范。

本章我们基于一个具体的项目案例，探索了基于框架的用户参与式设计方法，讨论并验证了这种方法对减少遗留偏见、提高用户共识度和手势集质量等几个方面的影响。对于这种方法的实践应用，我们强调的是：在手势启发式设计实践从头至尾的所有环节都应充分发挥启动刺激技术的作用。甚至包括需求分析阶段所进行的田野观察，也可以利用启动刺激帮助设计师确定终端用户在目标系统中需要完成的核心交互任务。目前流行的最大化猜想方法都是从交互设计专家的角度指定一套系统功能，而忽略了参与式观察法的作用，往往导致设计师所定义的系统功能未必是用户所期待的功能，根据这些"伪"功能所设计出来的手势集也必然无法满足用户的期望和需求。基于本章所提出的四个阶段的交互设计实践，得出了一套通用的手势设计指南。希望本章的案例研究为能够为其他类似的智能交互系统的设计提供更多的实证数据和有价值的参考。

2.8.1 启动刺激对遗留偏见的调节作用

在我们实施本项目实践之前，有交互设计专家曾经指出，启动技术可能会降低遗留偏见的影响。在用户参与式设计过程中，被试受遗留偏见的影响往往会设计出很多同质化的手势，尽管这在一定程度上会提高手势集的一致性，但这些手势往往不能很好地满足一个新系统的交互需求。因此，我们提出科学假设（H₂）：使用启动刺激可能会导致被试产生更低的共识度，导致更低的一致性分数。因为被试不再趋向于提出他们已经熟悉的那些受遗留偏见影响的手势。然而，根据实证研究所收集到的数据，我们发现了一些不同的结果：受到外部启动刺激影响的被试倾向于设计出更少、而不是更多的手势（PI 142 组 vs. NPI 153 组），结果导致了更高的共识度和一致性分数而不是更低的分数（PI 0.241 vs. NPI 0.178）。尽管这一趋势在我们的设计实践中缺乏统计学意义，但是仍然可以为用户参与式设计方法在未来的应用提供积极的参考价值。

此外，在实践中我们还观察到外部启动刺激可以显著减少受遗留偏见影响的手势的数量（PI 167 vs. NPI 199；PG 3 vs. NPG 6）。因此，我们验证了假设 1（H_1）：外部的启动刺激会降低遗留偏见的影响。与传统的用户参与式设计方法中被试可以不受限制地设计手势不同，本章我们所提出的基于框架的用户参与式设计是在充分利用目标系统交互上下文情景的基础上给用户施加一定的外部启动刺激来进行的。

我们通过一个统一的参考框架（即沉浸式 VR 厨房）提供一定的语义上下文约束和交互情景，从而启发被试进行有效的手势设计。沉浸式 VR 厨房给被试提供了一个 3D 虚拟现实场景，在这个场景中被试自发地使用更自然/更合理的双手动作完成烹饪任务，而这些双手手势会潜移默化地影响到接下来 VR 购物系统中的购物手势设计。当被试在后续的启发式设计流程中设计购物手势时，他们能够知晓在对应的交互场景中什么样的手势更适合目标任务。这就避免了目前主流的用户参与式设计方法的不足和很多可用性问题，例如，很多方法都是仅仅在电脑屏幕上向被试提供了任务列表，被试坐在电脑屏幕前凭空想象设计手势，结果出现了很多与 3D 场景不匹配的手势设计方案，比如大量的模拟鼠标交互的"食指点击"的手势。

综上所述，交互设计实践者需要意识到，在传统的手势启发式设计实践中不可避免地会遇到遗留偏见问题和挑战。我们的实践结果表明，启动刺激是一种有效的方法，能够减少受遗留偏见影响的手势数量。对设计者而言，在项目实践中融合启动刺激设计框架将是非常有益的。

2.8.2　用户偏好度分析

我们的实践结果表明，由于遗留偏见效应的降低，用户在受到外部启动刺激后所设计的手势集比未接受启动刺激所设计的手势集更好。因此，即便启动刺激未必能有效减少被试所设计产出手势的多样性以及带来更高的共识度和一致性分数，但是仍然有理由相信启动刺激在减少遗留偏见效应、将被试的手势设计和创作过程限定在一个统一的框架或一致的上下文场景中发挥了重要作用，该技术能够显著地提升整套手势集的可用性和内部一致性，从而进一步提高用户的满意度。

2.8.3　框架约束对用户参与式设计的作用和影响

尽管近年来基于手势的线上购物应用不断发展，但其中的很多系统都在实践中遇到各种各样的可用性问题。在传统的基于手势的交互系统中，系统的目标功能和对应的手势动作都是由专业的设计师以一种自上而下的范式设计出来的。然而，这样的方法可能导致设计师所想象的"最必要"的功能或"好"的手势与实际用户真正需要的功能和手势之间存在严重的分歧。为了解决这个问题，有些交互设计专家采用了最大化猜想方法，要求系统设计师邀请终端用户参与手势设计并从终端用户那里收集更多的自然手势。然而，这种方法在实践过程中对用户没有任何要求和约束，而是放任用户天马行空地自由设计手势，这往往会导致用户在手势设计中受到遗留偏见的影响，设计出来的手势与目标任务不匹配，从而降低系统的可用性和用户满意度。

在本项目案例中，我们对传统的最大化猜想设计方法进行了改进和创新，提出了一个包含四阶段的自下而上的基于框架的手势设计方法，包括：

（1）通过参与式方法观察用户的线上线下实际的购物行为和心智模型，生成一个典型的购物流程。

（2）将该购物流程作为一个框架和交互上下文情景，在头脑风暴会议中让被试基于该流程推导出系统最需要的目标系统核心任务集。

（3）给被试提供外部的启动刺激，让被试在一个统一的框架内进行手势设计，从而诱发出用户最真实的想法和手势交互行为。

（4）采用迭代式设计方法，利用基准测试来评估和完善所得的手势集。

实践结果表明，当被试被限制在一个外部提供的启动刺激框架内进行手势设计时，他们确切地知道目标系统应该支持哪些任务，以及在特定的交互上下文场景中，哪些手势可以使用、哪些不能使用、哪些才是真正适合目标系统任务的好的手势设计方案。这种方法能够为特定的系统导出最真实的核心目标任务以及相对应的手势交互技术，因为它们都被约束在同一个启动框架（交互情景）之下并与该框架保持一致。

2.9　本章总结

本章我们针对传统用户参与式设计方法的不足，面向沉浸式 VR 购物这一应用领域，提出了一个以用户为中心的四阶段用户参与式设计方法，并引入了心理学领域中的启动刺激来诱发用户设计产出更加有效的手势设计方案。为了减少用户在设计手势时受到的遗留偏见影响，我们提出了一种新的交互设计方法，对用户施加基于框架的外部启动刺激。

本章前两个交互实践研究主要聚焦于如何定义一套典型的沉浸式 VR 购物流程并确立系统最需要的核心目标任务集。另外两个研究实践旨在探索不同的交互设计方法(接受外部启动刺激 vs.不接受外部启动刺激)对于生成目标手势集的不同效果,我们通过基准测试对各种不同方法所产出的手势集进行了比较和评估,实验结果进一步验证了本章所提出方法的有效性。

实验结果表明,对被试施加外部启动刺激可以降低用户参与式设计过程中遗留偏见的影响。由于遗留偏见效应减弱,在启动刺激下所产出的手势集比在无启动刺激下所产出的手势集的可用性更高。同时,我们也发现受到外部启动刺激的被试倾向于设计出更少种类而不是更多样的手势,这将会导致更高而不是更低的共识度和一致性分数。这一发现消减了我们最初的担忧:即基于框架的启动刺激会产生更多种类的手势,更进一步地说,由于遗留偏见效应的减少将会导致更低的共识度和一致性分数。我们认为本案例研究会为将来在更多的交互设计领域中使用基于框架的用户参与式设计方法提供坚实的数据基础和有益的理论指导,因为框架的引入的确能够帮助最终用户提出与场景一致的手势,同时不会增加最终用户之间的分歧,并能够降低用户的共识度。

基于四个项目实践以及对应的实验结果,我们同时也为手势设计领域提供了新的设计指南。未来,我们期待这种方法能够被大量应用在其他智能人机交互系统设计开发中,以便进一步验证和泛化我们的设计方法和交互策略。

03 用户参与式设计中的文化因素考察

在基于手势的智能产品交互设计中,用户参与式设计方法经常被设计人员用来启发并获取目标用户的手势使用偏好。但是,用户对手势的设计和选择会受到各种各样因素的影响,例如用户本身的文化背景。因此,在交互设计实践中,考察用户的不同文化背景差异对手势设计的影响是十分重要的。然而,目前关于文化因素对手势设计影响的实证研究案例并不多见。

本章介绍我们做的一个项目案例,在这个案例中,设计了一个三阶段的交互设计实验(分别为实验 1,实验 2,实验 3),邀请了来自两种不同文化背景的被试,让他们针对三个不同智能交互领域中既定的 70 个目标任务完成用户自定义手势设计。结果发现,在用户参与式设计实践中,用户的手势设计和选择确实会受到文化背景因素的影响。我们根据实验结果,进一步讨论了哪些手势容易产生文化差异,哪些可以产生文化认同,以及造成文化差异和文化认同的背后原因和特征规律。最后,总结得出了一套基于手势的智能产品交互设计指南,其中重点讨论了用户参与式设计中的文化因素。

3.1 研究动机

近年来,基于手势的智能交互系统变得越来越流行。基于手势的交互设计能够让人们充分利用肢体在物理空间的运动直接控制信息空间的对象,从而给用户提供更大的交互空间、更多的交互自由度和更逼真的交互体验。因此,基于手势的交互技术被广泛应用于多个领域,例如,虚拟现实(VR)和增强现实(AR)、电脑游戏、可穿戴式计算、智能家居、机器人和无人机等。

近年来,随着视觉传感器、生物控制论、无标记运动捕获和自然人机交互等技术的飞速发展,手势识别率不断提升并已能满足绝大多数应用的需求,手势识别率和精确度已经不再是一个需要特别担心的问题。与此相对应的是,手势自身的可用性和社会接受度逐渐成为学术界和产业界相关实践人员的关注焦点。

为了增加手势的可用性以更好地满足用户的需求,目前一种常用的方法是使用用户参与式设计方法,即让终端用户参与到手势设计的过程中。但对于终端用户而言,针对一个特定系统选择何种手势可能会受到各种因素的影响,例如个人使用偏好及其文化背景。有专家指出,在人类的非言语交流中,肢体运动频率、节奏、说话人的观点和动作的描述等都与文化因素有着紧密的联系。这意味着基于手势的交互设计同样也会表现出与文化相关的特性。为了设计出更好的基于手势交互的智能产品和用户界面,学术界和产业界的设计师们需要对文化因素如何影响用户参与式设计过程有深入的了解。

尽管目前已有一些工作研究了手势与文化之间的联系,例如 Mauney 等针对来自不同文化背景的用户做了一项基于触屏手势设计选择的调查,但总的来说仍然缺乏针对文化因素是否以及如何影响手势设计的系统研究。

本章我们将介绍一个实际的项目案例,在这个案例中讨论了来自东西方两种不同文化(美国 vs.中国)的用户为三个不同应用领域交互任务所设计的手势之间的差异。这三个应用领域分别为智能汽车车载信息系统、虚拟现实系统和智能电视系统。根据研究结果,我们总结了文化差异影响哪种类型的任务和手势,以及哪种情况下会产生文化认同。总的来说,本章内容对交互设计领域有两个主要的贡献:

(1)我们提供了在用户参与式设计中存在严重的文化差异和偏见的实证数据。

(2)我们为三个应用领域下的用户自定义手势设计过程中产生的文化差异和文化认同问题提供了深入的洞察和见解。我们总结出了哪些任务类型受用户文化背景影响深刻,以及哪些任务类型在不同文化之间能够实现文化认同,进而为用户参与式设计领域提供了在文化差异因素影响之下的手势设计准则。我们认为这些设计准则和指导规范将有益于充实基于自然手势的交互设计方法及其在各个应用领域的交互设计实践。

3.2 设计调研

自然手势交互技术已经被应用到各种领域以完成各种不同的交互任务。有些应用系统单纯地将手势当作"自然鼠标",以完成一些简单的任务,例如指点和勾画等。另有一些应用系统将其用于完成复杂的交互任务,例如,操纵虚拟物体、与大型显示器交互,以及控制智能家居设备等。

然而,传统的基于自然手势交互的系统经常会忽略目标用户的实际需求,或者是为了达到更高的识别率或者使得系统实现起来更加方便而有意无意地牺牲了手势的可用性。这样的交互设计实践可能会导致系统设计师所创建的手势与实际用户所期待和喜欢的手势之间存在分歧和差异。类似于信息检索系统中著名的词汇问题，这样的问题被称之为手势分歧问题，将严重降低系统的可用性及用户的满意度和产品接受度。

手势启发式设计方法作为用户参与式设计领域中的一项新兴技术正受到越来越多的关注，设计师通过让终端用户参与到手势设计的进程中，从而广泛采集终端用户对于目标系统的需求和期待。已经有不少交互设计专家证实了启发式设计方法的可行性。例如，Morris 等的交互设计实践就提供了终端用户参与手势启发式设计而产生更优的设计结果的佐证。他们的结果表明，由终端用户参与设计出来的手势集相较于那些纯粹由系统专家单方面设计出来的手势更容易被记住和使用。

近年来，手势启发式设计方法被广泛地应用在新兴的智能产品交互设计领域，例如，表面计算、移动设备、虚拟/增强现实、大屏幕显示器、可穿戴式设备、车载信息系统、人形机器人、智能家居等。

然而，传统的手势启发式设计方法在实践中却经常面临着遗留偏见问题，该问题指在手势设计进程中，不受任何约束的被试经常受到其先前所熟悉和使用的软件界面交互经验和交互技术的相关印象影响，例如，基于鼠标键盘的 WIMP 界面或基于手机的触屏界面，进而使得终端用户在面向新的目标系统设计手势时常常带有偏见，即偏好模仿旧系统的交互方式，例如做一个"食指在空中点击"的手势来模仿鼠标点击动作。很多现有的研究都表明，遗留偏见将会对手势启发式设计的结果产生显著的影响。近来，遗留偏见问题受到越来越多的关注，很多交互设计的专家在他们基于自然手势的交互设计应用中都进行过探索和可行性调查研究。

除了前面所提到的用户所使用或者所熟悉的旧系统的界面交互经验与交互技术之外，还存在其他影响用户遗留偏见的因素，例如，自身所处的文化背景也会导致用户在参与式设计中存在一定的偏见，甚至在为相同的目标任务设计手势时两个不同文化背景的被试设计出来的结果会完全不同。一个典型的案例是，在为基于智能电视应用的"关掉电视"这一命令设计一个自然手势的交互设计实践中，来自不同文化背景群体的终端用户设计出的用户自定义手势会有很大的差异。这种与文化背景和文化差异相关的手势设计差异可能会导致手势交互技术开发面临更大的挑战（例如需要更加多样化的识别算法）。

我们通过文献调研发现，尽管早期的设计专家曾经指出了文化差异影响启发式设计这个问题的存在，但是截至目前还未发现有文献曾经系统地研究过这个问题，这也正是本章的设计动机所在。我们的设计实践利用了实证研究的方法，通过比较来自两个不同文化背景的用户在三个典型的智能交互领域中的自然手势设计方案来探索、讨论和验证这一问题。

3.3 需求分析

我们的设计实践包括以下几个步骤：

（1）选择三个不同应用领域并确定一组适合由自然手势交互完成的典型目标任务。

（2）基于这些任务，进行一系列用户实验以调查研究文化差异和文化认同对手势设计的影响。下面将详细介绍这个项目案例。

首先，为了让设计实践更具有普遍意义，我们选取了三个典型的应用领域，能够代表自然手势在目前的应用发展现状。这三个应用领域分别为：

（1）代表在实验室或教室中自然交互的虚拟现实（VR）领域，简称 V。

（2）代表在家居情景中应用的交互式数字电视（TV），简称 T。

（3）代表非传统交互环境下（例如必须使用单手操作的手势）的智能汽车（Car）信息系统中的非驾驶控制类任务（如导航和娱乐性活动），简称 C。

根据这三个典型的应用领域，我们组织了一次头脑风暴来讨论三个对应领域中最常使用的目标任务。一共有 15 名具有多年经验的人机交互研究人员和研究生参与本次头脑风暴。头脑风暴的结果讨论出了 70 个大家普遍赞同的重要核心任务，如表 3.1 所示。

表 3.1　三个应用领域的 70 个重要核心任务

T#	目 标 任 务	T#	目 标 任 务
C1	播放 CD 音乐	V9	关闭房门
C2	停止播放 CD 音乐	V10	打开盒子
C3	上一首曲目	V11	拿起小册子
C4	下一首曲目	V12	盖上盒子
C5	调高音量	V13	确认
C6	调低音量	V14	取消
C7	暂停音乐	V15	单选
C8	继续播放音乐	V16	释放
C9	打开电台	V17	选择一组对象
C10	关闭电台	V18	选择多个对象
C11	下一个电台节目	V19	移动

续表

T#	目 标 任 务	T#	目 标 任 务
C12	上一个电台节目	V20	旋转
C13	从 CD 切换到电台	V21	放大
C14	从电台切换到 CD	V22	缩小
C15	接听电话	V23	复制
C16	切换通话	V24	删除
C17	挂断电话	T1	打开电视
C18	拒绝接听电话	T2	关闭电视
C19	打开空调	T3	取消
C20	关闭空调	T4	确认
C21	调高空调温度	T5	下一个频道
C22	调低空调温度	T6	上一个频道
C23	增大风速	T7	增大音量
C24	减小风速	T8	减小音量
C25	放大地图	T9	静音
C26	缩小地图	T10	取消静音
C27	平移地图	T11	切换到 168 频道
V1	前进	T12	切换到 79 频道
V2	后退	T13	切换到 3 频道
V3	加速前进	T14	调出并显示所有频道
V4	减速前进	T15	向下滚动节目列表
V5	停止	T16	向上滚动节目列表
V6	左转	T17	选中并播放
V7	右转	T18	调出主菜单
V8	打开房门	T19	返回主菜单

　　基于 70 个目标任务，我们设计了一个包含三阶段的实验研究。在第一阶段，邀请了来自两个不同文化背景的群体（24 名美国被试与 24 名中国被试）参加一个标准的启发式设计研究，为以上 70 个任务设计最优的手势。这一实验的目的是比较分析在没有任何限制的条件下，即实验过程全靠被试头脑想象和回忆，两组不同群体被试的手势设计的异同。

　　在第二阶段，重新邀请了两个全新的群体（仍旧是 24 名美国被试与 24 名中国被试），实验过程中被试被要求在第一阶段被试所设计产出的手势集中挑选出自己最喜欢和认为最合适的手势，并赋值给相应的 70 个目标。第二阶段的目标是为了比较两个不同文化群体在有条件的情况下的差异性，即事先向被试提供了一套手势候选集合，被试需要根据给定的候选手势集来挑选好的手势而不是重新设计手势，实验过程中我们观察被试在进行选择时的差异和表现。在这一阶段，美国被试只是负责挑选第一阶段完全由美国被试设计产出的手势；中国被试只是负责挑选第一阶段完全由中国被试设计产出的手势。两种不同文化背景的被试并不交叉挑选对方所设计产出的手势。

在第三阶段，我们设计了一个新的可用性评估实验，并且重新邀请了一组新的被试（24 名美国被试与 24 名中国被试）。实验开始前，首先挑选出了在前两个阶段中明显表现出文化差异的手势集并提供给被试，再次让被试交叉挑选最喜欢的手势。也就是说，我们将前两个阶段表现有显著差异的手势混合在一起，但是不加任何标签，然后让被试从中挑选出自己最喜欢的手势。这一阶段的实验目的除了进一步验证前两个实验阶段得到的发现和结论之外，还希望确定什么样的任务类型和手势行为可能会受到文化差异的影响，什么样的任务类型和手势则会产生文化认同，最终给交互设计人员提供丰富的经验数据和积极的设计参考。

3.4　用户参与式设计

在本次设计实践中，我们致力于考察不同文化背景下的用户在不同应用领域中面对不同目标任务时所表现出来的文化偏见和文化认同问题。

3.4.1　被试

本实验在美国的一所大学内招募了 24 名被试（17 名男性和 7 名女性），同时，也在中国的一所大学内招募了 24 名被试（11 名男性和 13 名女性），被试来自不同的专业背景，年龄介于 18～24 岁之间。我们选择这些被试主要是期望在这个年龄阶段和知识水平的被试能够表现出对新技术的极大兴趣，并在实验过程中能够快速学习和适应这些新技术的新应用。参加实验之前，中美两国总共 48 名被试都没有任何手势设计和自然手势交互（例如使用 Kinect 和 Leap Motion）的经验。

3.4.2　实验设备

这项实践研究被安排在中美两国的两个实验室中同步进行。图 3.1 展示了三个不同应用场景下的实验环境。

（a）智能汽车场景

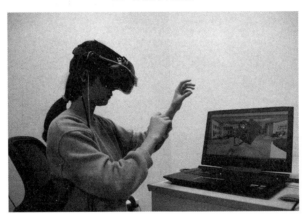

（b）虚拟现实场景

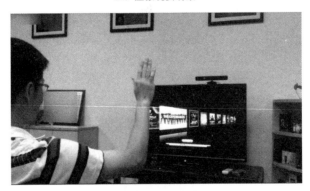

（c）智能电视场景

图 3.1 三个不同应用场景的实验环境

在智能汽车（Car）情景中，被试需要坐在一辆真实汽车的驾驶座位上。在实验过程中，坐在汽车后座上的实验人员将会给被试提供 27 个目标任务的语言指令。当被试听到目标任务指令时，需做出他们最喜欢的手势。

在虚拟现实（VR）情景中，我们事先开发了一个结合了 HTC VIVE 和 Leap Motion 深度传感器的沉浸式 VR 环境。在实验过程中，一共有 24 个基于手势的 VR 目标任务通过 HTC VIVE 以不同的形式呈现给被试，例如，3D 虚拟物体、文本描述、影像剪辑或者 3D 动画等。在该应用情景中，HTC VIVE 上方固定的 Leap Motion 深度传感器用于捕捉并记录被试的手势动作。

在智能电视（TV）情景中，被试前方放置了一台 55 英寸的智能交互数字电视，被试坐在离电视 2m 远的沙发上。在电视上方放置了一台微软 Kinect 深度传感器，用于捕捉被试的手势行为。一共有 19 个基于手势的 TV 目标任务将会以不同形式呈现给被试，例如电视屏幕中的文本描述或者 2D 动画等。

为了保持实验条件一致，在这三种不同的应用情景下，不同文化背景的被试都将面对相同的实验界面，即汽车、HTC VIVE 头盔和同样品牌与型号的智能交互式数字电视。在实验过程中，我们使用一个带有音频记录功能的 Web 网络摄像头来捕获被试在各个应用场景中的手势动作与言语。为了避免偏差，被试不得从实验人员处获得任何提示。

3.4.3　实验过程

在实验过程中，实验人员首先告诉被试实验的目的、实验任务和实验注意事项。接下来，我们请被试签署了知情同意书。在汽车场景中，被试需使用右手进行手势操作，同时保持左手放在方向盘上。而在 VR 和电视场景中，他们可以使用双手进行操作。每当被试设计出一个手势时，需要使用"出声思维（Think Aloud）"方法大声说出为何选取此手势完成对应的目标任务。

本实验过程大约持续 1.5h。在实验过后，被试需要填写一份简单的人口统计学问卷，包括自己的年龄、性别、专业和他们对基于自然手势交互技术的观点。

3.4.4　实验结果

1. 数据分析和处理

本实验包含两个不同文化群体，每个群体邀请了 24 名被试，实验总共有 70 个目标任务。基于被试和目标任务，总共收集了 2360 个手势（2×24×27）。我们利用这些数据组织了一场头脑风暴会议，并邀请了 5 名在交互设计和基于自然手势交互领域中有着多年从业经验的专业技术人员参与会议，这 5 名专家负责将某些相同或者相似的手势进行分组与合并，合并原则如下：

（1）对于具有完全相同姿势或同样运动轨迹的手势，直接将其合并为一组相同的手势。

（2）对于看上去相似但在形状或轨迹上又有所不同的手势，将重播实验过程中由 Web 相机和录音笔等设备捕获到的对应的视频/音频文件，并基于被试在实验过程中对这些手势的口头解释（Think Aloud 数据）再次讨论是否需要以及如何进行分组合并。

例如，专家们直接将 22 种向上滑动但手形不同的手势动作合并为一组相同的手势。正如被试所描述的那样：

"对于汽车情景的 C5（调高音量）这个任务，我会使用在空中向上滑动手掌的手势，但是具体是用整个手掌五指伸直的姿势还是仅仅伸出一个或两个手指头无关紧要，重要的是动作需要向上滑动。我选择这个手势是因为它太酷了！感觉我就像是一个在大型音乐会现场的指挥家，一抬手就能让全场音乐奏起。"

与此相对比的是，如果手势所对应的心智模型不同，专家们会在合并手势时充分考虑手形或运动轨迹的不同。例如，VR 场景中的任务 V19（移动物体），就有被试使用右手食指先指一下新的目标位置，然后右手食指点中目标对象并将其拖动到这个新的目标位置上。因此，我们发现被试更倾向于借鉴其他界面设计中已有的手势（例如触屏界面），而不是设计新的手势。正如被试所解释的那样：

"我选择这个手势是因为我曾经用它在手机上移动目标对象。"

有趣的是，同样是为这个任务设计手势，其他被试却使用了不同的心智模型：一边用左手食指指向目标物，一边用右手食指指向新的位置。被试想象他们在 VR 场景中交互时应该具有魔力；因此，他们可以实现超脱现实世界之外的交互活动。

"我选择这个手势时心里的想法是：左手指向的那个目标物可以自动飞到右手所指的位置。"

很显然，上面所介绍的两个手势的背后是被试不同的心智模型，因此不能任意地进行合并。

在经过一系列的分组和合并过程后，两个不同文化群体设计产出的手势数量都有所减少。最后我们从美国被试中获得了 530 组手势，从中国被试中获得了 439 组手势。

2. 不同文化背景下手势一致性度量

在度量手势一致性和用户共识度时，我们使用了 Vatavu 等提出的新的一致性度量公式，而不是早期研究中被广泛使用的 Wobbrock 等的一致性公式。选择它的原因是 Wobbrock 等的公式不能很好地解决一些特殊情况，例如，无法反映每人设计一种不同手势的情况，这种所有被试意见都不统一的情况下的手势一致性应该为 0，但是 Wobbrock 的公式无法取到 0 值。而 Vatavu 等人提出的新的方法更具有广泛性，且即便在特殊情况下仍旧有效。

我们使用的公式如下：

$$\text{AR}(r) = \frac{|P|}{|P|-1} \sum_{P_i \subseteq P} \left(\frac{|P_i|}{|P|} \right)^2 - \frac{1}{|P|-1} \tag{1}$$

其中，P 为任务 r 中出现所有手势的集合，$|P|$ 为集合中手势的数量，P_i 为 P 集合中经过归类合并后的具有相同属性的同类手势的子集。

基于上述一致性公式，我们进一步计算比较了在三个不同应用领域中美国被试和中国被试之间的共识程度差异。图 3.2 给出了两个文化群体在三个应用领域中设计手势时的共识度对比。

两个文化群体在三个应用领域中的一致性分数分布趋势非常相似。例如，在智能汽车场景中的任务 C25（放大地图）和任务 C26（缩小地图）在两个文化群体中都体现出最高的一致性水平。而在虚拟现实场景中的任务 V4（减速前进）则在两个文化群体中都获得了最低分数。

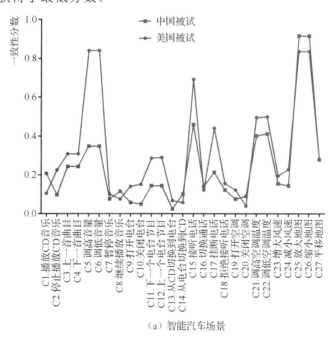

（a）智能汽车场景

图 3.2 用户参与式设计实验中美两国不同文化背景下的一致性对比

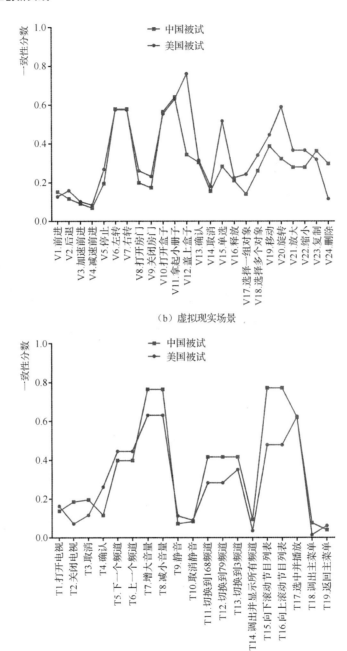

（b）虚拟现实场景

（c）智能电视场景

图 3.2 用户参与式设计实验中美两国不同文化背景下的一致性对比（续）

对两个文化群体的一致性分数进行进一步分析，我们发现 70 个目标任务的平均一致性分数为：美国被试 0.324（SD = 0.227），中国被试 0.290（SD = 0.223）。通过 Mann-Whitney U 检验得出两者间没有显著性差异（$Z = -1.005$，$p = 0.315$）。

3. 两个文化群体中的最佳手势比较

在某些任务中两个文化群体的被试同时获得了最高的一致性分数（例如 C25 和 C26）。这表明对于这些任务来说，两群体的被试都有较高的手势设计共识度。然而，通过进一步研究两个文化群体为 70 个目标任务设计的手势，我们发现了一个有趣的现象：对一些任务，如汽车场景中的任务 C3（上一首曲目），两个文化群体中的被试都做出了相同的最佳手势：向左挥手。而在其他的一些任务当中，两个文化群体会做出非常不同的最佳手势。例如，针对汽车场景中任务 C2（停止播放 CD 音乐），有 10 个美国被试选择了一个静态的"掌心朝前做停止状"的手势，与此对应的是在中国被试中仅有 1 名选择这个手势。相比之下，在中国被试中针对该任务的最佳手势为一个动态的"握紧拳头"的手势，一共有 7 名中国被试选择，与此对应的是，在美国被试中仅 4 名选择这个手势。

接下来通过比较分析，我们在中美两个文化群体中挑选出了最具共识度的前 20 个目标任务以及对应的最佳手势。对于这些任务来说，它们在同一文化背景下的同一应用场景中的一致性分数排名都在前 50%，并且这些任务在中美两个文化背景下所产生的最佳手势是相同的，即产生了文化共识。

表 3.2 列出了这 20 个目标任务以及所对应的在两个文化群体中产生文化共识的最佳手势。表的左边两列为各个目标任务与其对应的最佳手势。右边两列给出了美国被试（#A）和中国被试（#C）设计选择此手势的人数。

表 3.2　两个文化群体中产生文化共识的 20 个任务及对应的手势

任　　务	手　　势	#A	#C
C3（上一首曲目）	向左挥手	13	11
C4（下一首曲目）	向右挥手	13	11
C5（调高音量）	向上挥手	22	14
C6（调低音量）	向下挥手	22	14
C15（接听电话）	比一个六放在耳边	20	16
C17（挂断电话）	比一个六从耳边放下	16	10
C21（调高空调温度）	向上挥手	17	15
C22（调低空调温度）	向下挥手	17	15
C25（放大地图）	拇指和食指张开	22	23

任　务	手　势	#A	#C
C26（缩小地图）	拇指和食指捏合在一起	22	23
V6（左转）	向左挥手	18	18
V7（右转）	向右挥手	18	18
V10（打开盒子）	两手从中间滑向两边，做一个掀开盒盖的动作	18	18
V11（拿起小册子）	抓住一个想象中的小册子并取出来	19	19
V12（盖上盒子）	两手从两边滑向中间，做一个盖上盒盖的动作	21	12
V20（旋转）	抓住一个想象的对象并旋转手腕	18	11
V23（复制）	左手握拳保持静止标识出一个想象对象的起始位置，右手握拳从左手所在位置开始拖动到一个新的位置	12	14
T7（增大音量）	向上挥手	19	21
T8（减小音量）	向下挥手	19	21
T17（选中并播放）	食指单击	19	19

3.4.5　小结

一致性分数分析结果表明两个文化群体之间没有显著性差异。然而，一致性分数分析仅仅能表明这 70 个任务完成的一致性，但不能反映两个文化群体在这些任务中最佳手势的差异。因此我们进一步分析比较了两个文化群体针对每个任务所设计的最佳手势，结果显示，两个文化群体会在有些任务中设计相同的最佳手势，而在另一些任务中则会设计产出完全不同的最佳手势。根据实验结果，我们挑选出了能够产生文化共识的 20 个目标任务以及所对应的最佳手势，其中这 20 个目标任务在两个不同的文化群体中均具有高度的共识（一致性），并且两个文化群体所设计产出的最佳手势不谋而合，其余的 50 个任务将在下一阶段的设计实践中进一步分析。

3.5　可用性评估

在上一阶段实验中，被试不受任何限制地为所给定的目标任务设计手势。实验结果反映文化因素对手势设计的影响在一定程度上是存在的。为了进一步探究这个问题，我们设计了一个后续实验。与前一阶段实验不同的是，在本阶段实验中被试需要在 50 个目标任务中（从最初的 70 个任务中去除了 20 个产生文化共识的任务）分别选择一个最优的手势，这些手势都是由前一个实验的被试设计的。

3.5.1　被试与实验设备

本实验重新招募了 48 名新的被试，其中 24 名来自美国，24 名来自中国。与前一个实验一样，被试也是来自中美两个大学，并具有类似的年龄阶段和专业背景。其中，24 名美国被试包括 20 名男性和 4 名女性，24 名中国被试包含 10 名男性和 14 名女性。本实验 48 名被试均未参与过第一阶段的实验，并且他们都没有任何手势设计和手势交互的先验经验。在本实验中我们使用与第一阶段的实验相同的实验设备。

3.5.2　实验过程

与第一阶段的实验不同的是，在本实验中被试需要从第一阶段的实验所设计产出的手势候选中为每一个目标任务选择一个最优的手势，而非重新再设计一个新的手势。

在实验过程中，实验人员首先向被试简要介绍实验目的、任务和要求，接着向他们展示第一阶段的实验中相同文化背景下的被试为各任务所设计的手势集合。也就是说，本轮美国被试看到的都是上一轮实验美国被试设计产出的手势，同样地，中国被试看到的也都是上一轮实验中国被试设计产出的手势。两种文化背景下的手势集并不交叉混合。在看完所有的候选手势后，被试需要根据他们的个人喜好选择最适合于给定目标任务的手势，并口头解释为何选择该手势。

3.5.3　实验结果

如上所述，本实验中包含 50 个目标任务。实验开始前，实验人员一共提供给美国被试 435 个手势、中国被试 444 个手势。实验结束之后，美国和中国被试分别从中选出了 256 和 294 个手势。

1．不同文化背景下手势一致性度量

与实验 1 类似的是，我们使用了 Vatavu 提出的一致率公式来计算两个文化群体在三个应用领域中的手势一致性和共识度。图 3.3 给出了两个文化群体在三个应用领域中的手势一致性对比。

经过统计分析两个文化群体的一致性分数，发现美国和中国两个文化群体针对 50 个目标任务的手势设计的平均一致性分数分别为 0.355（SD = 0.133）和 0.304（SD = 0.141）。Mann-Whitney U 检验表明两个文化群体间有显著性差异（$Z = -2.175$，$p = 0.030$）。

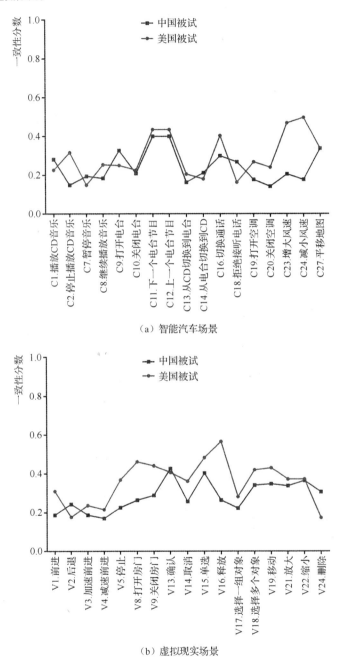

（a）智能汽车场景

（b）虚拟现实场景

图 3.3　可用性评估实验中美两国不同文化背景下的一致性对比

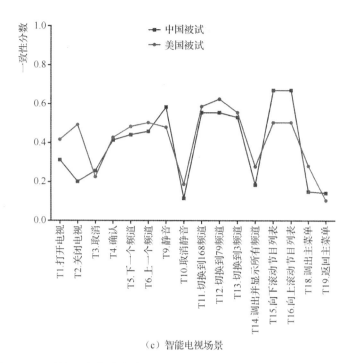

（c）智能电视场景

图 3.3　可用性评估实验中美两国不同文化背景下的一致性对比（续）

2．两个文化群体中的最佳手势比较

进一步检查分析两个文化群体针对 50 个目标任务所选择的最佳手势，发现了与第一阶段实验一致的结果：在部分任务中，例如，在虚拟现实场景中的任务 V21（放大物体），两个文化群体的被试所选择的最佳手势相同，即都做出了一个"张开五指"放大物体的动作。而在其他一些任务中，两个文化群体的被试则选择了不一样的最佳手势。例如，在智能电视场景的任务 T4（确认）中，14 名美国被试选择了一个静态的"竖起大拇指"的手势，而在中国组中只有 8 名被试选择该手势。相比之下，中国被试在此任务中更偏向选择使用一个静态的"OK"手势，共有 13 名做此选择，相比之下美国组中只有 5 名被试选择该手势。

基于第一阶段实验中所介绍的相同标准，我们选择前 14 个目标任务，针对这 14 个目标任务，两个群体中所选择的最受欢迎的手势相同，并且这些任务在同一应用场景下、同样群体中的一致性分数排名在前 50%。

表 3.3 列出了这 14 个目标任务以及对应的最佳手势。左边两列表明了各个任务的名称及所对应的最佳手势，右边两列表示美国被试（#A）和中国被试（#C）选择该手势的人数。

表 3.3　两个群体中产生共识的 14 个任务及对应的手势

任　　务	手　　势	#A	#C
C9（打开电台）	顺时针拧	10	12
C11（下一个电台节目）	向右挥手	14	14
C12（上一个电台节目）	向左挥手	14	14
V15（单选）	食指单击	15	14
V16（释放）	张开拳头	17	11
V18（选择多个对象）	食指依次点击	14	11
V19（移动）	用食指拖动对象	14	12
V21（放大）	张开五指	13	10
V22（缩小）	收拢五指	13	10
T5（下一个频道）	向右挥手	14	13
T6（上一个频道）	向左挥手	15	14
T11（切换到 168 频道）	用食指在空中书写"168"	17	16
T12（切换到 79 频道）	用食指在空中书写"79"	18	16
T13（切换到 3 频道）	用食指在空中书写"3"	16	15

3.5.4　小结

不同于传统的手势启发式设计实践，在本实验中让被试为给定的一组目标任务挑选出最好的手势而不是重新设计新的手势，因此，实验人员给被试提供了上一个实验过程中被试设计产出的手势作为候选，主要目的是进一步探究文化因素对手势设计的影响。

实践结果表明，50 个目标任务中有 14 个在两个文化群体中具有相同的最佳手势。再加上前一个实验所确定的 20 个目标任务，可由此确定出 34 个在两个文化群体中具有较高一致性和用户共识度，同时所对应的最佳手势又完全相同的目标任务。通过分析这 34 个目标任务的特点，我们将其归类为四种类型，如表 3.4 所示。

表 3.4　四类能够产生文化共识的任务类型

任　务　类　型	任　务　名　称
与方向或顺序相关的	C3（上一首曲目）C4（下一首曲目）C5（调高音量）C6（调低音量） C11（下一个电台节目）C12（上一个电台节目）C21（调高空调温度） C22（调低空调温度）V6（左转）V7（右转）

续表

任 务 类 型	任 务 名 称
与物体操作相关的	T5（下一个频道）T6（上一个频道） T7（增大音量） T8（减小音量） C25（放大地图） C26（缩小地图） V15（单选） V16（释放） V18（选择多个对象） V19（移动） V20（旋转） V21（放大） V22（缩小） V23（复制） T17（选中并播放）
与现实世界对象有映射关系的	C9（打开电台） C15（接听电话） C18（拒绝接听电话） V10（打开盒子） V11（拿起小册子） V12（盖上盒子）
与大众普遍认同的符号相关的	T11（切换到 168 频道） T12（切换到 79 频道） T13（切换到 3 频道）

在其余任务中，两个文化群体选择了明显不同的最佳手势。例如，在电视场景的任务 T4（确定）这一任务中，12 名美国被试选择了"竖起大拇指"的手势，相比之下在中国文化组中只有 3 名中国被试选择该手势。同样针对这个任务，中国被试更喜爱的是一个静态的"OK"手势，共有 6 名中国被试选择，相比之下在美国文化组中只有 4 名美国被试选择。另一个例子是 C18（拒绝接听电话），美国被试选择了一个"手掌抹脖子割喉"的手势动作，相比之下中国被试则更多地选择"左右摆手拒绝"的手势。

除了在具有语义指代的手势之间存在差异之外，我们也发现中国与美国被试在描述数字符号时也有明显不同的表达。例如，美国和中国被试使用不同的静态手势来表示数字 3。另外，对于 6～10 这 5 个数字，美国被试更喜欢使用两只手来比画静态手势，而中国被试更多地只使用一只手来比画手势。这些发现为下一阶段进一步探究文化对自然手势的影响并且识别出可能更容易受到文化差异影响的目标任务打下了坚实的基础。

3.6 文化差异与文化认同

基于前两个实验的结果，我们获得了在每个文化群体内部具有高度一致性以及在两个文化群体中也能产生文化共识的 34 个目标任务和手势。在剩余的 36 个任务中，有 10 个任务在美国和中国群体中具有相同的最佳手势，尽管这些任务的一致性分数在同一场景和同一文化组的所有任务集中没有排在前 50%。因此，算下来一共有 44 个任务（34+10）所对应的最佳手势在两个文化群体中是相同的。为了进一步验证文化差异对手势设计的影响，我们选择了剩余的 26 个（70-44）在两个文化群体中具有不同最佳手势的任务作为本次实验的目标任务。除了这 26 个任务之外，还在前两轮实验中发现两个文化群体在表达数字 3、6、7、8、9、10 时表现出非常不同的习惯和交互模式。因此，也将表示这 6 个数字的手势任务添加到目标任务集合中。表 3.5 展示了本实验所涉及的 32 个目标任务。

表 3.5　本实验中的 32 个目标任务

目　标　任　务	美国被试最佳手势	中国被试最佳手势
C1（播放 CD 音乐）	空中做一个插入 CD 的动作	打响指
C2（停止播放 CD 音乐）	掌心朝前做停止状	握拳
C7（暂停音乐）	食指和中指向上指	食指靠近嘴巴做"嘘"的动作
C13（从 CD 切换到电台）	插入 CD，向左滑动，然后用食指指向前方	在空中画一个顺时针半圆
C14（从电台切换到 CD）	指向前方，向左滑动，然后插入 CD	在空中画一个逆时针半圆
C16（切换通话）	比一个六放在耳边，然后把手移开并向左滑	比一个六放在耳边，然后把手移开并来回摆动
C18（拒绝接听电话）	做一个割喉的手势	来回摆手
C19（打开空调）	做一个额头擦汗的手势	张开拳头
C20（关闭空调）	做一个割喉的手势	握拳
C23（增大风速）	手掌向上划	朝自己扇风
C24（减小风速）	手掌向下划	大拇指和食指捏合
C27（平移地图）	用食指和中指移动地图	用整只手移动地图
V2（后退）	跑步状，两胳膊沿着身体两侧逆时针旋转	用食指向后指
V5（停止）	掌心朝前做停止状	用两只手交叉成"T"形状
V8（打开房门）	抓住一个想象中的门把手，旋转，然后向后拉	用右手向前推
V9（关闭房门）	抓住想象中的门把手并向前推动	用两只手向前推
V13（确认）	大拇指向上	做一个"OK"的手势
V14（取消）	大拇指向下	用两只手比一个"X"形状
T1（打开电视）	用拇指按下想象中的电源按钮	打响指
T2（关闭电视）	用拇指按下想象中的电源按钮	打响指
T3（取消）	大拇指向下	用两只手比一个"X"形状
T4（确认）	大拇指向上	做一个"OK"的手势
T9（静音）	食指靠近嘴巴做"嘘"的动作	先掌心朝前做停止状，然后反转手心朝自己
T10（取消静音）	来回摇动食指，然后做出"嘘"手势	张开拳头
T18（调出主菜单）	在空中画一个"M"字母	张开拳头

续表

目 标 任 务	美国被试最佳手势	中国被试最佳手势
T19（返回主菜单）	两个手掌同时朝前方伸	向上滑动然后向左滑动
T20（切换到 3 频道）		
T21（切换到 6 频道）		
T22（切换到 7 频道）		
T23（切换到 8 频道）		
T24（切换到 9 频道）		
T25（切换到 10 频道）		

3.6.1 被试和实验设备

本实验重新招募了 48 名新的被试。其中 24 人是来自一所美国大学的学生（12 名男性，12 名女性），另外 24 人是来自一所中国大学的学生（11 名男性，13 名女性）。与前两次实验相似，被试来自不同专业背景，年龄介于 20～28 岁之间。这 48 名被试中都没有手势设计的经验，也没有人曾经参加过之前的两次实验。

为了保持一致性，我们使用与第二阶段实验相同的实验配置。

3.6.2 实验过程

实验开始前，实验人员为被试简单介绍实验目的、任务和要求，并请被试签署了知情同意书，接着被试需要为给定的 32 个目标任务分别选择一个最优的手势。

对应于每个目标任务，被试有 2 个手势可供选择：一个是来自第二阶段实验中的美国被试针对该任务所选择的最佳手势，另一个是来自第二阶段实验中的中国被试针对该任务所选择的最佳手势。如果是静态手势，则实验人员以静态图片的形式展现给被试；如果是动态手势，则实验人员以视频片段的形式展现给被试，并且每一个目标任务都会有相应的文本来描述该任务所处的交互上下文，帮助被试更好地理解应用场景。

在看完每个任务的两个候选手势后，被试需要综合评估手势与任务的匹配度、易记忆性以及舒适度，选择最优的一个。在实验过程中，要求被试使用"出声思维（Think-Aloud）"方法大声说出他们为什么选择其中一个手势而不是另一个的原因，实验人员使用了录音笔来记录被试在选择手势时的口头解释，作为后续分析被试心智模型的依据。

3.6.3 实验结果

在这一节中，我们介绍本次实验的结果，并从不同的角度对两个文化群体进行了比较。

1. 两个文化组之间的一致性度量

首先，我们使用 Randolph 的 Kappa 检验来度量两个文化群体之间手势选择的内部一致性。图 3.4 显示了 32 个目标任务中每个任务所对应的 Kappa 值。

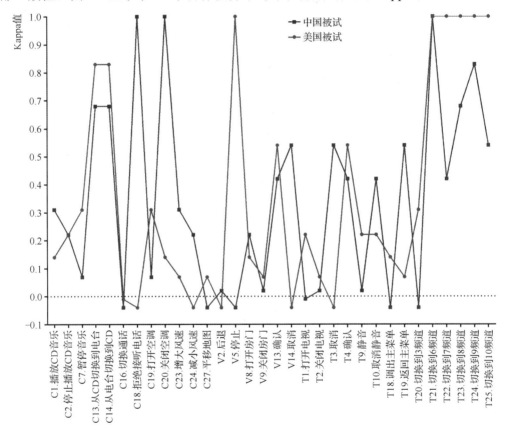

图 3.4　Kappa 内部一致性度量

如实验结果可以看出，在某些任务中两个不同文化群体表现出非常不一致的手势选择，例如，汽车场景中的 C18（拒绝接听电话）和 C20（关闭空调）。

2．两个文化群体的手势偏好比较

接下来，我们用卡方检验来检验两组被试在手势偏好上是否有差异，结果如表 3.6 所示。

表 3.6　本实验 32 个目标任务的卡方检验结果

任 务 名 称	本实验中的美国被试		本实验中的中国被试		显著性
	实验 2 中美国组选择的最佳手势	实验 2 中中国组选择的最佳手势	实验 2 中美国组选择的最佳手势	实验 2 中中国组选择的最佳手势	
C1（播放 CD 音乐）	7	17	5	19	0.505
C2（停止播放 CD 音乐）	18	6	18	6	1.000
C7（暂停音乐）	5	19	8	16	0.330
C13（从 CD 切换到电台）	1	23	2	22	1.000
C14（从电台切换到 CD）	1	23	2	22	1.000
C16（切换通话）	14	10	13	11	0.771
C18（拒绝接听电话）	12	12	0	24	0.000
C19（打开空调）	5	19	8	16	0.330
C20（关闭空调）	17	7	0	24	0.000
C23（增大风速）	8	16	5	19	0.330
C24（减小风速）	12	12	18	6	0.074
C27（平移地图）	8	16	12	12	0.242
V2（后退）	12	12	15	9	0.383
V5（停止）	24	0	13	11	0.001
V8（打开房门）	7	17	6	18	0.745
V9（关闭房门）	8	16	9	15	0.763
V13（确认）	21	3	4	20	0.000
V14（取消）	13	11	3	21	0.006
T1（打开电视）	18	6	14	10	0.221
T2（关闭电视）	16	8	15	9	0.763
T3（取消）	13	11	3	21	0.006
T4（确认）	21	3	4	20	0.000
T9（静音）	6	18	9	15	0.350
T10（取消静音）	6	18	4	20	0.722
T18（调出主菜单）	7	17	11	13	0.233

续表

任务名称	本实验中的美国被试		本实验中的中国被试		显著性
	实验2中美国组选择的最佳手势	实验2中中国组选择的最佳手势	实验2中美国组选择的最佳手势	实验2中中国组选择的最佳手势	
T19（返回主菜单）	8	16	3	21	0.170
T20（切换到3频道）	19	5	12	12	0.035
T21（切换到6频道）	24	0	0	24	0.000
T22（切换到7频道）	24	0	4	20	0.000
T23（切换到8频道）	24	0	2	22	0.000
T24（切换到9频道）	24	0	1	23	0.000
T25（切换到10频道）	24	0	3	21	0.000

我们可以看出，对于 C18、C20、V5、V13、V14、T3、T4、T20、T21、T22、T23、T24、T25 这 13 个目标任务，两个不同文化组在手势选择上存在显著差异（$p<0.05$）。

3. 相同或不同文化群体对手势的社会接受度对比

接下来我们比较手势的社会接受度，也就是说当手势被应用到了相同或不同文化背景下使用的时候，人们是否会接受这种交互方式。

对任务 C18（拒绝接听电话）来说，一半的美国被试选择了第二阶段实验中由美国被试选择的最佳手势"做一个割喉的动作"，而另一半的美国被试选择了第二阶段实验中由中国被试选择的最佳手势"来回摆手"。相比之下，中国所有 24 名被试都选择了"来回摆手"。

对任务 C20（关闭空调）来说，17 名美国被试选择了第二阶段实验中由美国被试选择的最佳手势"做一个割喉的动作"，而另外 7 名选择了第二阶段实验中由中国被试选择的最佳手势"握拳"。相比之下，24 名中国被试中没有一人选择"做一个割喉的动作"。

对任务 V5（停止）来说，24 名美国被试都选择了第二阶段实验中由美国被试选择的最佳手势"掌心朝前做停止状"，而没有人选择第二阶段实验中由美国被试选择的最佳手势"用两只手交叉成'T'形状"。相比之下，13 名中国被试选择了"掌心朝前做停止状"，而另外 11 人选择了"用两只手交叉成'T'形状"。

对任务 V13（确认）和任务 T4（确认）来说，有 21 名美国被试选择了第二阶段实验中由美国被试选择的最佳手势"大拇指向上"，只有 3 名选择了第二阶段实验中由中国被试选择的最佳手势"做一个'OK'的手势"。相比之下，只有 4 名中国被试选择了"大拇指向上"，而其他 20 名中国被试全部都选择了"做一个'OK'的手势"。

对任务 V14（取消）和任务 T3（取消）来说，13 名美国选手选择了第二阶段实验中由美国被试选择的最佳手势"大拇指向下"，另外 11 名选择了第二阶段实验中由中国被试选择的最佳手势"用两只手比一个'X'形状"。相比之下，只有 3 名中国被试选择了"大拇指向下"，而其他 21 名选择全部都选择用"用两只手比一个'X'形状"。

对任务 T20（换到 3 频道）来说，有 19 个美国被试选择了第二阶段实验中由美国被试选择的最佳手势 [手势图]，只有 5 人选择了第二阶段实验中由中国被试选择的最佳手势 [手势图]。相比之下，24 名中国被试中有一半人选择 [手势图]，另一半人选择 [手势图]。

对任务 T21（换到 6 频道）来说，所有 24 名美国被试都选择了第二阶段实验中由美国被试选择的最佳手势 [手势图]。相比之下，所有 24 名中国被试都选择了第二阶段实验中由中国被试选择的最佳手势 [手势图]。

对任务 T22（换到 7 频道）来说，所有 24 名美国被试都选择了第二阶段实验中由美国被试选择的最佳手势 [手势图]。相比之下，只有 4 名中国被试选择 [手势图]，其余 22 人选择了第二阶段实验中由中国被试选择的最佳手势 [手势图]。

对任务 T23（换到 8 频道）来说，所有 24 名美国被试都选择了由美国群体设计的 [手势图]。相比之下，只有 2 名中国被试选择 [手势图]，其余 22 人选择了第二阶段实验中由中国被试选择的最佳手势 [手势图]。

对任务 T24（换到 9 频道）来说，所有 24 名美国被试都选择了第二阶段实验中由美国被试选择的最佳手势 [手势图]。相比之下，只有 1 名中国被试选择 [手势图]，其余 23 人选择了第二阶段实验中由中国被试选择的最佳手势 [手势图]。

对任务 T25（换到 10 频道）来说，所有 24 名美国被试都选择了第二阶段实验中由美国被试选择的最佳手势 [手势图]。相比之下，只有 3 名中国被试选择 [手势图]，其余 21 人选择了第二阶段实验中由中国被试选择的最佳手势 [手势图]。

3.6.4　小结

本实验进一步验证了文化差异对手势设计的影响：两个文化群体对于 32 个目标任务的手势偏好不尽相同；卡方检验结果进一步表明在 13 个目标任务中不同文化群体的手势选择有显著性差异。

分析这 13 个任务的特征，可以将它们分为两大类：第一类手势具有特定的文化属性或者文化符号，对其他文化背景下的被试来说不容易理解。例如，在任务 C18（拒绝接听电话）和任务 C20（关闭空调）中，超过一半的美国被试选择了"做一个割喉的手势"，而相比之下，没有一个中国被试选择这个手势。当被问及原因时，中国被试们表示他们认为这个手势看起来很粗野，感觉像是一个杀人的动作。另一个例子是任务 V5（停止），最受中国被试欢迎的是"用两只手交叉成'T'形状"，但是相比之下，24 名美国被试却无一人选择该手势，因为他们认为"掌心朝前做停止状"是一个非常普遍的手势，美国街头十字路口斑马线上的信号灯就是这样子。这一发现与 Jane 等人的报告一致，他们发现与美国被试相比，中国被试更喜欢使用"用两只手交叉成'T'形状"手势来完成停止一架无人机的任务。另外，对于表达大于 5 的数字的手势，两种文化也表示出了显著差异，24 名美国被试中没有一人知道中国被试所设计的 5 个单手数字手势的含义。

另一类手势是那些尽管在不同文化群体中对手势偏好存在显著差异，但仍然能够为不同文化背景的被试所理解和接纳的手势。例如在任务 V13（确认）和 T4（确认）中，21 名美国被试选择了"大拇指向上"的手势。被问及原因时，美国被试表示"大拇指向上"的手势比做一个"OK"的手势语义更强、更有说服力。相比之下，有 3 名美国被试在这两个任务中都选择了做一个"OK"的手势。这 3 名美国被试说他们知道这个手势表示什么意思，他们只是出于个人喜好选择了这个手势。类似地，11 名美国被试能够接受中国文化组在任务 V14（取消）和 T3（取消）中所设计的手势"用两只手比一个'X'形状"，而 3 名中国被试则可以接受美国群体提出的"大拇指向下"的手势。

3.7 设计启发

基于上述三个实验的结果与分析，我们总结并提出了以下几条交互设计规范。

3.7.1 文化偏见对用户参与式设计的影响

设计师需要记住在传统的手势启发式设计实践中，被试的文化背景有可能影响他们对目标系统的手势设计。我们的设计实践发现在一些目标任务中，两种文化群体的最佳手势不同，并且在 13 个目标任务中，中美两种文化群体的手势偏好存在显著差异。有些手势在一种文化中非常流行，但在另一种文化中却完全不能接受，例如，美国被试喜欢的"做一个割喉的手势"就不为中国被试所接受，另一方面，美国被试也对中国被试所设计的 5 个单手数字手势的含义百思不得其解。正如一位中国被试所说：

"在东亚文化中，人们在日常生活中与他人交流时用割喉手势非常少见，因为这是不礼貌甚至是粗鲁的。"

相比之下，某些手势在一种文化中非常普遍，而放到另一种文化中也可以被大众所接受。例如，一些美国被试也愿意使用中国被试在任务 V13（确认）和 V14（确认）中所设计的"做一个'OK'的手势"，而一些中国被试也不介意在任务 V14（取消）和 T3（取消）中使用美国被试喜欢做的"大拇指向下"的手势。与割喉手势相比，这些手势对文化的依赖性没那么明显。正如一名中国被试所说：

"用大拇指向下的手势表示反对或不同意某个观点或某件事情是完全没有问题的，因为它已经作为一个emoji表情符号而标准化了，在中国的微信、QQ和微博等社交媒体上很常见。"

针对上面所介绍的这些类型的任务，设计师在设计和使用手势时，应该明确这些手势在不同文化背景下的细微差别。

3.7.2　目标任务与文化偏见的相关性

文化因素的影响在不同任务之间表现各异。虽然我们发现两种文化下的被试在某些任务中设计出相似甚至相同的手势，但也发现了某些手势在两个文化背景下是存在显著差异的。

1. 对文化差异敏感度较低的任务

有一些任务对文化差异敏感度较低，在相同文化或跨文化交流时都具有很高的接受度。例如，两个文化群体的被试在实验过程中都表示出了想要使用多通道交互方式的意愿，即同时使用手势和语音。他们认为在某些情况下，比如电视场景中的频道切换任务（T11、T12 和 T13），用语音说出来进行频道切换比做手势更自然。他们表示：

"当我执行这类任务时，我想用食指指向电视的同时口头说出切换到第几频道，因为这样做既方便又有效。"

总的来说，我们的这次设计实践识别了四种类型的任务，这些任务比较容易找到被两种文化群体普遍接受的手势，包括：

（1）与方向或顺序相关的任务，例如，智能汽车场景中的任务 C3（上一首曲目）和 C4（下一首曲目）。

（2）与物体操作相关的任务，例如，虚拟现实场景中的任务 V19（移动物体）。

（3）与现实世界对象有映射关系的任务，例如，智能汽车场景中 C15（接听电话）。

（4）与大众普遍认同的符号相关的任务，例如，某些阿拉伯数字（空中书写的动态手势）。

对于这些类型的任务，设计师可以考虑作为不同文化背景下的用户都能接受的通用手势直接应用。

2. 对文化差异敏感度较高的任务

我们的交互实践表明,两种类型的文化偏见可能导致手势选择的显著差异。

第一类是手势表达中的文化习俗,比如,使用几只手或者使用哪几根手指来完成手势。在中国文化中,不超过 10 的数字用一只手表示即可,而在美国文化中,大于 5 的数字用两只手来表示。进一步,即使可以用一只手表示的数字,不同的文化背景也会导致用户使用不同的手指,例如,表示数字 3 的静态手势在中美被试之间就存在差异。

第二类与语言文化相关。对于一些任务,特别是具有抽象概念的任务而言,不同文化背景的用户可能会有不同的心智模型,从而选择不同的手势。例如,我们发现在完成与改变电视频道相关的任务时,两个群体的被试的语言模式是不同的。大多数美国被试在执行手势时都是说"转到……",而中国的被试倾向于选择不同的语言词汇,包括"换到……""开到……""打开……"及"跳转到……"等。词汇选择的多样性导致在相关任务中手势选择的共识度和一致性较低。有关于这些语言文化等外部因素对手势设计和选择的影响,以及寻找其他可能存在的文化相关的因素还有待进一步研究。

3.8 本章总结

本章我们介绍了一个交互实践案例,通过一系列的实验来调查文化因素对自然手势设计的影响。我们涉及了三个不同的应用领域:智能汽车、虚拟现实和智能电视,实验中招募的被试来自两种不同的文化背景:代表东方文化的中国和代表西方文化的美国。本章的主要贡献包括以下几个方面:

(1)提供了文化偏见在用户参与式设计中普遍存在的实证经验和数据,这一点需要设计师们在交互实践中特别注意。

(2)发现了不同应用领域中自然手势设计的文化共识和文化差异。我们识别了 34 个受被试文化背景影响较小的任务和手势以及 13 个受被试文化背景影响较大的任务和手势。

(3)归纳总结了在两种文化间会出现显著性差异的任务类型以及受文化因素影响较小的任务类型。

(4)提出了一套自然手势设计规范,对用户参与式设计方法提供了有益的补充。

当然,我们的设计研究也存在一定的局限性。

一是本次设计实践仅涉及两个文化群体(中国和美国)。为了进一步泛化我们的结论，还需要更多的后续工作来验证我们的结论是否适用于其他文化背景的用户。

二是本实验招募的被试均为在校大学生。未来需要招募更多的包括不同年龄和职业的被试参与实验来泛化我们的结论。

此外，尽管我们的研究显示了文化对用户参与式设计的影响，但还未揭示究竟是何特定的文化因素导致了两种文化下用户之间的差异。未来需要进一步工作以探究是何种潜在的文化因素在发挥作用。

除了发现来自两种文化的群体在用户参与式设计时存在差异之外，我们还发现了其他一些需要进一步研究的有趣现象。例如，两个文化群体在智能汽车内完成目标任务 C27（平移地图）的一致性分数居然低于 C23（放大地图）和 C26（缩小地图）的一致性分数，而从常识来判断，C27（平移地图）的任务更加常见而且也不抽象，一致性分数应该高才对，那么到底是何原因导致了如此违反常识的结果，还需要更多的设计实践工作。

CHAPTER 04 面向智能双屏手机的用户参与式设计

现有的智能手机都是通过前置屏进行手势交互操作，但在交互过程中存在很多可用性问题，例如由于胖手指问题而导致的屏幕内容遮挡与误操作等。近年来，新型传感技术的不断发展使得现有的移动设备能够识别背面屏的手势操作与信号输入。尽管已经有研究证明从移动设备背后输入的方式对一些简单的交互任务如目标获取等行之有效，但大家对这种方式的最佳应用实践知之甚少，对于如何在双屏移动设备上进行复杂的并发任务的手势设计实践目前尚无通用的设计指导。

本章我们将介绍一个三阶段的交互设计实践案例，探索用户自定义多指手势在双屏移动设备上完成复杂并行任务的可行性。我们的实践结果表明，用户针对给定的手机游戏任务在手势的设计和选择上存在共识。基于这些共识，我们提出了一个手势分类方法，并为双屏移动设备设计了一套用户自定义手势集。接下来我们进行了一系列的后续基准测试，验证了用户自定义手势集在普通玩家和专业玩家中的社会接受度。

4.1 设计动机

随着生物控制论、智能传感器、运动捕捉和自然人机交互等技术的迅速发展，手势交互引起了广泛关注，并被广泛应用于各种领域。手势是用户以调用相应的系统命令为目的进行的手/手指的运动。移动计算是手势交互重要的应用领域之一。如今，手机已经成为许多交互应用程序的终端，如手游、在线购物和互联网冲浪。与这些应用程序互动通常完成许多复杂的交互任务，并且需要用到多指操作。然而，当前大多数手机都将输入与输出限制在前置屏进行。通过前置屏进行的手势输入可能会带来以下一些可用性问题。

（1）用户的手指有时会遮挡屏幕显示内容。

（2）用户执行任务时可能会发生误触发，这种现象也被称为"胖手指问题"。

（3）现有的移动设备并没有充分利用背面屏的输入与输出功能。这些问题都值得在设计复杂的手游（例如《绝地求生》）时加以特别关注。

新型传感技术的不断发展使得现有的手机等轻量级的移动设备可以识别背面屏的手势信号输入。一些交互设计专家提议利用背面屏作为屏幕表面与用户手指手势交互的一种信号输入方式。这种技术也被称作 BoD（Back-of-Device Interaction）交互。近期的很多交互设计实践结果都提供了在移动设备 BoD 交互中集成手势交互的可行性和必要性。

尽管从移动设备背面输入的方式已经被证明对一些诸如目标获取这样简单的交互任务行之有效，但大家对这种方式的最佳应用实践知之甚少。现有的前置屏手势交互设计准则无法简单地直接应用于双屏手势交互，并且针对设备前置屏与背面屏的交互模式，应定义和使用不同的参数配置。据我们的了解，迄今为止尚无针对双屏手机上双手手势设计空间的相关设计和研究报道。因此，本章我们介绍了一个三阶段的设计实践案例，探索在双屏移动设备中用户使用自定义手势执行复杂并发任务的可行性和可用性，以及相应的手势设计空间、用户个性化偏好和手势的社会接受度等因素。

4.2　设计调研

本章内容主要涉及移动计算中的手势交互设计和应用，因此我们集中回顾一下这方面前人的一些设计方案和研究成果。

4.2.1　手势分类方法学

为了更好地理解什么是好的手势以及这些手势为什么会优于其他手势，设计专家提出了一些手势分类标准或评估维度从而可以将手势划分为不同的类别。还有很多学者聚焦于研究不同个体之间是如何利用手势交互的，以及手势是如何基于信息传播渠道而划分为不同类别的。这些分类方法已经被广泛应用于很多应用领域，例如表面计算、移动交互、人-机器人交互、基于 3D 对象操作的多点触控交互、交互式故事场景、基于众包的视频标注、实物界面、跨设备交互、智能眼镜与智能房间等。

尽管目前已经提出了一些手势分类方法，但仍缺乏通用的手势分类标准指南。在交互实践过程中还存在不同的研究人员使用不同方法进行分类的现象。根据我们的设计调研，目前尚无一套成熟有效的建立在用户心智模型和行为分析基础之上的双屏移动设备手势分类方法。

4.2.2　面向智能背面屏手机的手势交互设计

尽管近年来已有很多实践者们围绕移动设备前置屏的手势交互技术进行探索，但现有的交互系统远远不能完美支持用户通过自然手势与设备进行交互。移动设备复杂任务数量的非线性增长对基于移动设备的交互设计提出了更大的挑战，仍有许多问题没有解决，例如，如何防止用户的手指遮挡前置屏上的内容，以及如何解决前置屏幕上定位精度差的问题，这些问题一直困扰着交互设计领域的专家们。

为了解决这些问题，有些专家提出使用 BoD 输入技术以增强移动设备交互能力。例如，Zhang 等人就提出了一种叫作 BackTap 的交互技术，通过在背面屏增加四个不同的点击位置来扩展手机的输入方式。他们表示用户可以在不使用视觉感知的模式下（Eyes-Free）使用这种技术，并且点击四个不同触点的准确率达到 92%～96%。

从人机工程学的角度切入，Le 等人调查了用户如何自然持握手机，哪些区域容易被用户的手遮挡，以及当用户执行文本输入、阅读文本信息或观看视频任务时手指会停留在哪些位置等不同的情况，以深入了解 BoD 交互。

Chen 等人开发了 BackAssist 系统，一种可用于增强 BoD 交互能力的移动触摸操纵技术，根据他们的研究结果，普通智能手机用户可以通过这项技术轻松地完成目标获取任务。

4.2.3　面向智能双屏手机的手势交互设计

除了上述介绍的有关背面屏手势设计的相关案例之外，一些研究者还探索了手势输入技术在双屏移动设备上的可用性。例如，Wobbrock 等人比较研究了用户在与移动设备前置屏和背面屏交互时的性能，结果表明用户使用食指与前置屏与背面屏交互时均有着不错的表现，但相比而言，拇指在前置屏的性能表现糟糕。

Ohtani 等人比较了在三种不同的输入条件下（前置屏/背面屏/双屏）手指在反应时间和准确度方面的性能。在反应时间上，前置屏比背面屏和双屏更快；但就准确度而言，双屏比前置屏和背面屏更为准确。

通过比较移动设备前置屏和背面屏手势交互的相关参数，Wolf 等人发现前置屏的手势操作比背面屏的手势操作需要耗费更长的时间，并且手指的滑动距离也更大。因此，交互设计领域的专家应当提出新的设计准则以适应和有效利用 BoD 交互。

尽管先前很多研究的结果表明，对移动设备的信息输入来说，无论是在前置屏还是背面屏上利用手势交互完成一些简单的交互任务都是十分有效的。但是，目前整个交互设计领域对在双屏移动设备上开展复杂的并发任务的最优手势设计还缺乏经验和设计指导。此外，目前已有的手势系统很多都是由人机交互系统的专家设计的，最终用户很少有机会参与到手势和系统设计过程。因此，这样设计出来的系统可能无法识别终端用户的自然手势，导致该系统面临可用性差、用户接受度低的问题。为了解决这些问题，目前已有一些启发式设计方法被提出。

4.2.4　面向智能手机的启发式设计方法

早期对用户自定义触屏手势交互的研究案例主要集中于单面屏设备。例如，Wobbrock 等人提出了一种最大化猜想（Maximizing Guessability）方法，用于度量用户自定义手势的一致性和用户共识度。他们将这个方法应用于表面计算（Surface Computing）领域，基于被试设计提出的 1080 个手势推导出了一套用户自定义手势集。随后，这种方法还被大量应用在其他的智能产品设计领域。例如，Ruiz 等人根据该方法设计了一组用户自定义手势，用于在智能手机设备上调用常用的命令。与Wobbrock 等人类似的是，Ruiz 等人发现当要求用户为给定的智能手机任务自由设计手势动作时，用户会在一定程度上设计出很多不谋而合的手势方案。

除了在单个设备上应用启发式设计方法进行手势设计创作之外，一些研究者还对跨设备交互中的用户自定义手势的可用性进行了研究。例如，Kray 等人基于启发式设计方法设计了一套用户自定义手势用于连接多个设备（包括手机、大屏幕显示器、桌面设备）。他们的研究表明用户自定义的手势集很容易被大众所理解，手势控制非常适用于某些设备上的交互任务和活动。类似于 Kray 等人的研究，Kurdyukova等人设计了一套能够使用户自然方便地完成多设备之间的数据传输任务的用户自定义手势集，可以在包括 iPad—iPad，iPad—桌面设备，以及 iPad—大屏幕显示器等多种场合之下使用并完成数据和信息传输/转移的任务。他们指出，当为 iPad 等移动设备设计手势时应该十分关注三个重要方面，包括移动设备的物理形状、相关的界面设计隐喻以及用户的隐私问题。

近期，Kray 等人和 Kurdyukova 等人对 Rädle 等人的研究做了更进一步扩展，对移动跨设备交互的设计空间进行了探索。结果显示，71%的用户自定义手势是依赖空间上下文信息的，并且被试喜欢将跨设备任务与对空间的交互和思考紧密联系在一起。此外，只要设计合理，空间感知技术的有效运用将能够降低用户的认知负担、减少身体负荷和挫败感。

总的来说，早期的启发式设计方法聚焦于单屏幕交互的情况，而目前尚缺乏对于双屏手势交互的设计空间的有效理解。对于双屏移动设备手势设计空间的理解能够帮助设计师规划基于人机工效学的智能产品设计方案，并加深对于移动设备中手势交互技术的认识。在本章中，我们介绍一个由三阶段用户研究组成的实际案例，帮助读者进一步理解移动设备交互情境中的手势设计空间、用户的手势偏好以及大众对基于双屏移动设备的用户自定义手势集的社会接受度。在第一个研究中（研究1），我们收集了用户对双屏手机的功能需求和期望。接下来，我们在第二个研究（研究2）中采用了用户参与式设计方法引导被试设计手势。第三个研究（研究3）对第二个研究所产生的基于双屏手机的用户自定义手势集进行基准测试和可用性评估。

4.3　需求分析

要设计一个用户友好的双屏手机手势交互系统，首先需要确定双屏手机最重要的核心功能。更具体一点来说，需要探索在双屏手机上完成复杂并发任务的手势交互方式。

《绝地求生》是一款大受欢迎的手游，拥有庞大的粉丝群，并在公共游戏领域展现出巨大潜力，它是基于电影《大逃杀（Battle Royale）》而设计开发出的一款游戏。在游戏中，100 名玩家跳伞降落至一个面积为 8km×8km 的偏远小岛上一决胜负。玩家必须搜寻获得自己的武器、车辆和补给品。在战场上，游戏会迫使玩家进入不断缩小的游戏区域。玩家必须击败其他的敌人。在许多情况下，以上任务必须快速且同时进行，玩家需要在有限时间内准备着陆，抢夺物资和尽可能生存下来成为最终赢家。因此，我们选择了《绝地求生》作为典型的双屏手机手势交互技术的应用场景。

这个研究的主要目的是从用户的视角获取在双屏手机进行手势交互的使用情景、系统功能和交互上下文。此外，为了开发更加符合人机工程学的双屏手机手势交互方式，也需要更进一步了解被试如何自然持握手机，当进行双屏交互时被试的手指会放在哪些位置以及手机屏幕的哪些区域会被用户的手指遮挡等一系列可用性问题。

4.3.1　被试

30 名被试（16 名男性和 14 名女性）参与了这项研究，他们的年龄分布在 18～24 岁之间（$M = 19.9$，$SD = 1.88$）。这些被试来自不同的专业背景，包括新闻业、传播学、心理学、计算机科学、医药科学和图书馆学。为了避免偏见和手势分歧问题，我们在招募对象时刻意筛除了具有专业交互设计知识的被试。当然，招募的被试都至少有 5 个月的《绝地求生》手游经验。我们的主要目标是希望从最终用户的视角而不是专业的系统设计师的视角来设计开发一个更有效的人机交互界面。

4.3.2　实验设备

我们在一个可用性实验室进行本次研究。实验环境包括一台 6.3 英寸（1 英寸 =2.54cm）的手机，一台相机和一个录音机，用于记录被试设计手势时的手部动作和他们的口头解释。为了方便后续的数据分析，我们在手机背面贴了一张带色块的网格格子纸（80mm×120mm）。这张格子纸包含了 480 个 5mm×5mm 的小色块，实验如图 4.1 所示。

图 4.1　双屏手机需求调研实验

4.3.3　实验过程

在实验开始之前，我们分别简要地告知 30 名被试这个实验的背景、目标以及任务，征求了被试的意见后请他们签署了知情同意书。接下来，要求被试在手机上试玩 10min 的《绝地求生》游戏。我们使用了"出声思维（Think-Aloud）"方法记录被试的思维决策过程和一些有趣的想法，我们还使用了一台相机用于记录被试的手势动作。

在游戏试玩结束后，我们进行了一个半结构化访谈，被试将回答如下问题：

（1）你在试玩《绝地求生》这款手游时发现它有什么局限性或可用性问题？

（2）是什么原因导致了上述的问题？

（3）哪些是在双屏手机上玩《绝地求生》最重要的核心任务？

（4）哪些任务适合使用手势来执行？

（5）在双屏手机上使用手势有哪些优点和缺点？

4.3.4 实验结果

实验过程中，30 名被试全都表示在玩《绝地求生》时他们经常会遇到误触发的问题。例如枪支走火，究其原因主要是前置屏上的功能按键很小而且反应迟钝，这导致了严重的"胖手指"问题，用户在手指面积过大的情况下，无意之中就会点击到相邻的功能按键，从而产生一些意外操作。因此，很多被试建议可以使用背面屏来分担一些前置屏上的任务。他们同时也认为双屏手机更适合执行一些需要同时用到多指操作的复合并发任务。

根据被试的建议，我们广泛搜集了来自热门游戏网站和平台的数据进行分析，获取用户对功能的需求和期望。结果表明针对复杂并发任务的多指交互确实是许多游戏玩家所追求的一项高级实用技能。但是，在多指交互目前的应用中，最先进的技术仅能在手机前置屏上实现（如图 4.2 所示）。例如，为了获取高分，用户通常必须在前置屏上放置四根或五根手指来执行复杂并发游戏任务，例如移动+探头+蹲+开火+瞄准。此外，还存在内容遮挡和手指疲劳等问题，在前置屏上的多指操作技术对普通用户来说也很难学习和掌握。因此，我们需要一种新的双手手势输入技术来应用于双屏移动设备。

（a）双指交互　　　　　　　　　　（b）三指交互

（c）四指交互　　　　　　　　　　（d）五指交互

图 4.2　在前置屏上进行的多指交互情景

基于现有游戏平台收集的数据和半结构化访谈的结果，我们确定了一组由 6 个常用的复合任务组成的系统核心功能集。这 6 个复合任务由 8 个原子动作组合而成，包括移动、瞄准、开镜、开火、探头、蹲、趴和跳跃，这些任务将通过在双屏移动设备上进行多指交互完成，如表 4.1 所示。

表 4.1　双屏手机上《绝地求生》游戏的 6 个核心复合任务

序　号	复 合 任 务	原 子 任 务	简　写
1	拜佛枪	趴+开火（Go prone+Fire）	GF
2	倍镜压枪	开镜+开火+移动（Open scope+Fire+Move）	OFM
3	回柳跑枪	移动+开火+瞄准+开镜（Move+Fire+Open scope+Take aim）	MFOT
4	跳枪	移动+跳跃+开火+瞄准（Move+Jump+Fire+Take aim）	MJFT
5	闪身枪	移动+探头+开火+瞄准（Move+Peek+Fire+Take aim）	MPFT
6	移动蹲射	移动+探头+蹲+开火+瞄准（Move+Peek+Crouch+Fire+Take aim）	MPCFT

其中，移动是指控制游戏角色在不同方向的行走或奔跑；瞄准是指用武器对准目标；开镜使玩家能够观察环境或通过放大镜放大目标；开火是指向目标发射子弹；探头通常意味着以偷偷摸摸的方式快速观看，它通常发生在玩家于掩体后狙击敌人；蹲是在环境中隐蔽自己的功能，采取膝盖弯曲的姿势并且只有上肢移动，以避免被敌人发现并及时保护自己；趴是指让角色在地上匍匐；跳跃是指让角色向上滞空而离开地面。在单面屏手机中，所有这些任务都要通过手指在屏幕上按压或滑动特定的功能键来完成。

除此之外，被试同时也列举了一些在双屏手机上使用手势的优点：

"双屏手势交互可以释放一些被不同功能键占用的前置屏空间，并使玩家能够清晰地观察环境与敌人，进而更好地进行反侦察或保护自己。"

"它可以有效减少在单屏手机中经常发生的误触问题。"

"这项技术使玩家可以在执行多任务（比如移动+探头+蹲+开火+瞄准）的同时使用不同手指，从而提高完成《绝地求生》中的复杂并发任务的交互效率。"

"双屏手势可以在很大程度上改善游戏体验并提高舒适性。尽管一些专业玩家能够通过在前置屏使用多手指完成并发任务，但他们经常感到非常疲惫与不适。相比较而言，双屏手势交互可以使用户以更自然的姿势持握手机并且很大程度减少疲劳感。"

当然，也有一些被试对双屏手势交互技术表现出了一些担忧：

"玩家已经非常熟悉单屏手势交互技术，因此，他们需要花大量时间去学习和适应这项新技术（双屏手势交互）。"

"这项新技术可能会带来一个新问题，例如，在玩游戏的时候用户手指敲击屏幕

背面会引起手机机身晃动，这一问题可能会影响用户体验。因此，它需要一个长期的评估和验证。"

4.4　用户参与式设计

本研究的主要目标是为在研究 1 中收集的《绝地求生》游戏中的几个复合并发任务开发一套用户自定义的手势集。具体来说，我们试图了解在双屏移动设备中被试如何运用他们的手指来完成复杂并发任务。这个问题比在单屏设备上执行的常规任务更复杂，因为它要求游戏玩家使用不同的手指/手势（例如，单击或画圆圈）来完成不同的原子任务。因此，在玩手机游戏时，这个问题需要特别注意，因为它会影响玩家的整体游戏体验。

4.4.1　被试

我们从一所大学里招募了 30 名被试（15 名男性和 15 名女性），他们的年龄在 19～23 岁之间（$M = 20.9$，$SD = 1.568$），来自不同的专业背景，包括计算机科学、医学、图书馆学、通信工程、航空航天和会计。所有被试都至少有 5 个月的使用传统的单屏手机玩《绝地求生》手游的经历，然而，他们都没有任何在双屏幕移动设备上使用手势的经验。

4.4.2　实验设备和过程

为了保持一致性，本研究使用了与研究 1 中相同的可用性实验室。我们使用了一个 Web 网络摄像头来记录被试的手势和口头解释。实验过程中捕获的数据被保存在磁盘上，以备将来进行数据分析时使用。

在实验开始前，实验人员向被试简单介绍了实验目标、任务和要求。然后，被试签署了知情同意书。在实验过程中，实验人员通过 PowerPoint 幻灯片依次向被试展示了 6 个复合任务和相应的说明文档。然后，被试需要为每个任务设计一个手势。当设计手势时，被试会手持研究 1 中使用的手机，并想象他们正在使用一个能够识别双屏手势的系统。他们需要结合可学习性、可记忆性、疲劳度以及进行游戏时不同手指之间的协调程度等几方面的因素，综合考虑在执行目标任务时使用这种手势的可行性。

我们使用了"出声思维（Think-Aloud）"技术来记录被试进行手势设计时的心智模型。对于每个复合手势，被试都需要明确地说明有多少根手指参与了这个手势，每根手指是怎么映射并完成相应的原子任务的，每根手指如何完成整个手势动作，如果需要的话功能键可能会被放在屏幕上的什么位置，以及为什么他们选择设计这样的手势来完成指定的复合任务。

为了避免潜在的偏见影响，我们在被试设计手势时避免向他们提供任何提示和建议。在所有被试完成设计过程后，要求他们填写一份简短的关于人口统计数据的问卷，包括姓名、年龄、性别、专业和游戏中的玩家等级水平，之前在《绝地求生》中积累的游戏经验，以及他们对在双屏移动设备上使用手势交互技术的意见。

为了研究游戏玩家在双屏移动设备上如何更加便捷地进行手势输入，项目旨在探索双手手势输入的设计空间，因此我们不希望研究本身受到其他因素的干扰，例如现有的手势识别算法/识别率或游戏界面等限制。在实验过程中，在被试设计手势时，我们避免向他们提供任何手势识别引擎或实时的界面反馈，目的就是要消除手机与被试之间的执行鸿沟。也就是说，希望在不受技术壁垒影响的情况下，观察被试最自然的手势。这种设计原理与之前在传统手势启发式设计方法中所遵循的相似。整个实验持续了大概 40~60min。

4.4.3　实验结果

本节我们将介绍本次研究的实验结果，包括双屏移动交互的手势分类，关于用户手指在后置屏的触点热力图，用户自定义手势集，手势的社会接受度，以及用户行为观察。

1．数据分析和处理

我们基于 30 名被试和 6 个复合任务，收集了 180 个复合手势动作。在这些复合手势动作中找不到相同的手势交互模式。基于 10 根手指、6 个复合任务，以及放置手指的前后两块屏幕，被试在没有任何约束的情况下设计发明了大量不同的手势。因此，期望使用传统的启发式设计方法对手势进行一致性分数统计来评估被试的共识度是非常困难的。

通过仔细观察在启发式过程中产生的数据，我们发现被试更喜欢在手指和相应的原子任务之间建立"一对一"的映射。例如，如果一个复合任务包含 5 个原子任务，则被试会使用五指复合手势，其中每根手指映射到一个原子任务。基于这一观察，我们决定在原子任务粒度上分析数据。经统计，我们收集了 570 个原子手势。接下来，我们根据手指在每块屏幕上的放置区域分布来分析被试的手势偏好。所有 30 名被试（100%）都将手机前置屏分成两块等大的输入区域。表 4.2 列出了被试在每个区域中所偏好的交互任务、相应的手势，以及每个手势的受欢迎程度。需要注意的是，相同的原子任务会在不同的复合任务中多次出现，因此，设计选择该手势的被试人数总和会超过 30。

表 4.2　前置屏上的手势偏好

左　侧			右　侧		
任　务	手　势	被试人数	任　务	手　势	被试人数
移动	滑动	22	瞄准	滑动	20
			跳跃	点击	9
开火	点击	5	开火	点击	9
			蹲	点击	8
探头	点击	3	趴	点击	7
开镜	点击	1	开镜	点击	5
			探头	点击	4

对 30 个被试的手势分析结果如下：

（1）被试在前置屏右侧区域部署了更多的原子任务，因为他们都是右利手。

（2）被试会选择一些原子任务部署在前置屏，而其他一些原子任务则被安排在背面屏上；但是，所有在前置屏上的原子任务都是通过点击界面上想象中的功能键来执行的，而背面屏上的原子任务则是通过手指手势来完成的。一名被试表示：

"我想通过部署功能键在前置屏上执行一些原子任务，因为我不想记忆太多手势动作，尤其是当我在执行一个并发任务的时候，为此我必须考虑多根手指在前后两块屏幕上的协调。相比之下，我喜欢在后屏幕上通过简单的手指手势来执行另一些原子任务，因为就算系统在背面屏上部署了功能键，我也看不见，从而会遇到手眼分离问题。"

（3）22 个被试（73.3%）提出要在前置屏部署"移动"这个原子任务，20 个被试（66.7%）建议要在前置屏部署"拾取"这个原子任务，主张在前置屏需要同时部署这两个原子项目的有 15 名被试（50%）。被试们想象着屏幕上有一个陀螺仪按钮，通过滑动大拇指挤压整个按钮就可以完成这两个原子任务。一位被试表示：

"这样的配置能够让我在完成这两个任务中进行 360°自由移动。此外，它也比较符合我的日常操作习惯和控制游戏角色的心智模型。"

根据大多数被试的建议，我们决定在前置屏部署"移动"和"瞄准"这两个原子任务，在背面屏上部署其他 6 个原子任务。

排除那些在启发式设计过程中原本计划将"移动"和"瞄准"部署在背面屏的被试之后，我们统计了剩余的被试对背面屏上 6 个原子的手势设计方案。此时传统的启发式设计研究中所推崇的一致性公式和一致率已经不适合度量手势一致性和被试之间的共识度了，因为一部分被试被排除掉了，所以不再满足一致性公式和一致率的前提条件。表 4.3 展示了背面屏的 6 个原子任务、对应的手势以及这些手势在被试中的受欢迎程度。

表 4.3　背面屏的手势偏好

任　务	手　势	被试人数
开火	点击	16
开镜	点击	12
	双击	1
	向上滑动	1
探头	左右滑动	12
	点击	10
	向上滑动	1
	双击	1
趴	向下滑动	12
	点击	2
	左右滑动	1
	三击	1
跳跃	向上滑动	14
	点击	1
蹲	向下滑动	9
	双击	3
	向下滑动两次	1
	画个圆圈	1
	向左滑动	1
	向左下角滑动	1

2．手势分类

很明显，双屏手势交互增加了一些现有手势分类无法完全涵盖的特征和约束条件。为了更好地理解双屏移动设备中用户自定义手势的设计空间，我们提出了一种双屏手机手势分类方法。为了确保手势分类的可描述性和有效性，我们使用用户自定义手势的特征分布进行分类以减少可能的冗余和歧义。基于关于在启发式设计实践中观察和收集到的数据，我们按照三个维度对用户自定义手势进行手工分类，这三个维度分别是形式、语义和运动学，如表 4.4 所示。

表 4.4　双屏手机用户自定义手势分类

用户自定义手势分类		
形式	单击	点击一下
	双击	点击两下
	三击	点击三下
	滑动	沿着屏幕左右上下滑动
语义	指示类	表明位置或方向
	隐喻类	表示一个隐喻
	抽象类	手势与命令的映射是任意的
运动学	一个点	点击
	水平方向	沿着水平方向滑动
	垂直方向	沿着垂直方向滑动
	圆弧	沿着圆弧滑动

其中，形式维度区分了单击、双击、三击和滑动手势。

语义维度分为三类：指示类、隐喻类和抽象类。指示手势表明位置或方向，例如，一个向下滑动的手势表示完成一个"蹲"的任务。隐喻类手势动作用于模拟其他对象或事物，例如，用户比画了一个放大镜隐喻手势来控制游戏中化身视点的切换。抽象手势没有具体的指示性或者与对应任务之间的明确的隐喻关系，抽象手势和目标任务之间的映射是随意的，例如，用于完成"卧"任务的三击手势就是一个抽象手势。

运动学维度描述了手指的运动轨迹，可细分为一个点、水平滑动手势、垂直滑动手势和圆形滑动手势。

图 4.3 是使用以上手势分类法对在启发式设计实践中收集到的背面屏用户自定义手势进行分类的结果。我们可以总结出用户自定义手势的设计规律：

（1）一半以上的用户自定义手势是指示类的。

（2）用户喜欢使用简单的单击手势和滑动手势。

（3）相较于水平或垂直滑动手势，用户更喜欢使用单击类的手势。

（4）用户很少在用双屏移动设备完成复杂并发任务时使用圆形滑动手势。

3．背面屏交互区域热力图

在实验过程中，我们使用了 Web 网络摄像头来记录被试的手势动作行为。然后，我们结合手机背面屏上的有色网格纸，通过视频回放和人工标注技术，导出了适用于 BoD 手机的手游交互任务的手势交互舒适区。最后，遵循以下设计规则，我们将被试在实验中的交互舒适区进行了可视化：

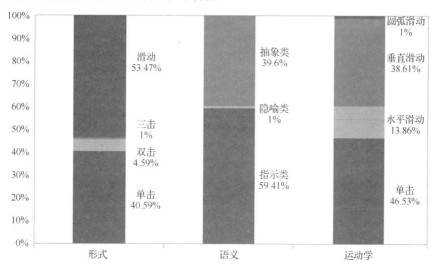

图 4.3　基于双屏手机的用户自定义手势分类

（1）如果指尖与网格单元格没有接触，网格单元格标记为 0。

（2）如果接触面积小于网格单元格面积的一半，网格单元格标记为 1。

（3）如果接触面积等于网格单元格面积的一半，网格单元格标记为 2。

（4）如果接触面积大于网格单元格面积的一半，但没有完全覆盖网格单元格，网格单元格标记为 3。

（5）如果接触面积完全覆盖网格单元格，则网格单元格为标记为 4。

基于上述规则，我们为每一个手势都随机采样了 30 帧图像，然后计算每个网格单元格的平均分，结果如图 4.4 所示。

被试在使用背面屏时更喜欢将他们的手指放在屏幕的顶部和中间位置。相比之下，被试不太喜欢去触摸背面屏的两侧和底部区域。这些重要的发现和有用的信息将为未来开发双屏游戏系统时提供多指手势识别算法和交互技术的指导和设计规范。

4．面向双屏手机的用户自定义手势集

我们使用了启发式设计方法中常用的"赢者通吃（Winner-Take-All）"设计策略，为每个目标任务选择最佳手势，从而生成了一组用于双屏手机交互的用户自定义手势集，如图 4.5 所示。

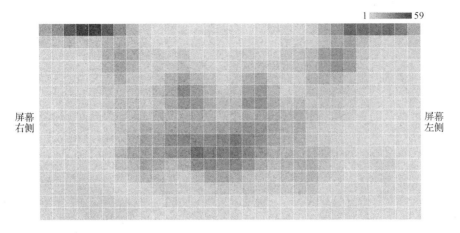

图 4.4　被试手指指尖在背面屏上的交互舒适区热力图

在基于双屏手机的用户自定义手势集中,"移动"和"瞄准"是被试希望部署在前置屏上的两个原子任务,其他 6 个原子任务被部署在背面屏上。实际上,这 6 个在背面屏的原子手势可以与前置屏的 2 个原子手势组合,以执行复杂并发的游戏任务,例如移动+探头+蹲+开火+瞄准。

5. 用户心智模型观察

被试在"开火"任务上表现出非常高的一致性。总的来说,被试只使用了一个手势"右手食指点击"。被试表示:

"当要求我为这个任务设计一个手势时,'右手食指点击'这个动作立刻浮现在我的脑海里,因为它在大多数游戏中都被用来完成射击任务。此外,这个手势很容易执行和记忆。"

"开镜"和"开火"是游戏中经常同时出现的两个并发任务。因为"开火"已经使用了用"右手食指点击"的手势,因此被试选择了"左手食指点击"作为完成"开镜"任务的手势。

"探头"任务通常发生在游戏玩家于掩体后狙击敌人的时候,因此,"向右滑动"和"向左滑动"的手势生动地表现了身体向右和向左倾斜的动作。

对于"趴"和"跳跃"两个任务,被试喜欢使用"右手中指向下滑动"和"右手中指向上滑动"两个手势,因为这两个手势对应着"趴"和"跳跃"两个任务的动作方向。另外,这两个手势也非常容易学习和理解。

被试在设计"蹲"所对应的手势时的一致性最低。被试总共提供了 6 种不同手势,但一致性最高的最佳手势也仅有 9 人提出,他们设计的是一个"左手中指向下滑动"的手势。因为任务"趴"和"蹲"都是指身体向下方向的运动,但这两个任务不能同时发生，因此，被试更倾向于把这两个任务放在屏幕的两侧，并且他们认为应该为这两个任务设计两个不同的手势。因为"右手中指向下滑动"的手势已经被分配给了"趴"这一任务，因此，被试需要为"蹲"再设计一个不同的手势，于是就使用了"左手中指向下滑动"的手势。总的来说，在启发式设计过程中，被试无法从传统的触摸式交互界面中获得有效的灵感和经验，因此导致被试对"蹲"这个任务的共识度比较低。

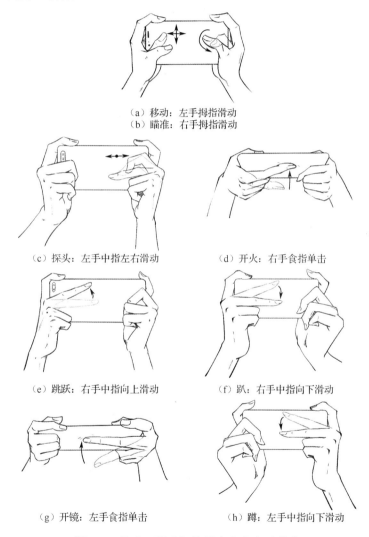

（a）移动：左手拇指滑动
（b）瞄准：右手拇指滑动

（c）探头：左手中指左右滑动   （d）开火：右手食指单击

（e）跳跃：右手中指向上滑动   （f）趴：右手中指向下滑动

（g）开镜：左手食指单击   （h）蹲：左手中指向下滑动

图 4.5   基于双屏手机的用户自定义手势集

4.5 可用性评估

在之前的启发式设计研究中，我们针对双屏手机的复合并发游戏任务收集了一组用户自定义手势集。然而，由于启发式设计方法本身的开放性和自由性，这些手势在实践中是否有效目前还不清楚。因此，我们组织了一个基准测试来评估这一套用户自定义手势的可用性。基准测试指的是通过设计科学的测试方法、测试工具和测试系统，对一类测试对象的某项性能指标进行可对比的定量测试的研究方法。

4.5.1 实验设计

这项研究的目的是评估用户自定义手势集的匹配程度（被试在多大程度上可以将手势与相应的游戏任务匹配在一起）、可记忆性（对于给定的游戏任务被试能够记住对应手势的容易程度）、舒适度（手势执行起来的容易程度）。因此，我们将实验划分为三个阶段，每阶段测量一个独立的评估指标。

在研究 2 的采访中我们了解到，专业的游戏玩家更倾向于使用复合手势，而普通游戏玩家则更倾向于使用简单的原子手势。因此，在本研究中，我们招募了两组被试，一组普通游戏玩家和一组专业游戏玩家。普通的游戏玩家只负责评估原子手势，而专业游戏玩家负责评估复合手势，实验大约持续 40～60min。

4.5.2 被试与实验设备

在《绝地求生》游戏中，系统使用了 8 个不同的等级来区分不同级别的游戏玩家，分别是英勇青铜→不屈白银→黄金→白金→星钻→皇冠→王牌→无敌战神。其中，青铜是新玩家的入门等级，他们往往刚刚注册自己的账户不久，也没有太多的游戏经验；无敌战神是最高的境界。为了下面描述方便，本研究以 1～8 级 8 个级别来描述游戏玩家的等级。级别 1～4 的玩家被认为是普通游戏玩家，5～8 级的玩家被认为是专业游戏玩家。

在这项研究中，我们招募了 51 名被试（22 名男性和 29 名女性）。其中，普通游戏玩家 30 人（普通组），专业游戏玩家 21 人（专业组）。被试的年龄分布在 17～26 岁之间（$M = 21.08$，$SD = 1.853$），他们来自不同的专业，包括经济学、医学、交通工程、音乐、微电子、法学、历史和计算机科学。

我们使用了与研究 2 相同的实验设备。不同的是，被试不再需要设计手势，而需要为每个任务所对应的用户自定义手势进行可用性评估。因此，我们只录制了被试在实验过程中选择手势的口头解释和理由等相关的音频材料，而不需要用 Web 摄像头为被试的手势动作录制视频。

4.5.3　实验过程

在实验前，实验人员向被试介绍了实验背景、目的、场景描述以及实验要求。在被试签署知情同意书之后，实验人员向普通组的被试展示了一份含有 8 个原子任务的清单，同时向专业组中的被试展示了一份含有 6 个复合任务的清单。对于每项任务，被试都需要从匹配度、可记忆性和疲劳度这三个方面对先前的启发式设计所产生的用户自定义手势集进行评估。评估过程中使用了 7 点李克特量表（1 = 最差，7 = 最好）。每个候选手势以视频剪辑的形式呈现给被试，并且搭配使用了文本描述来解释目标任务和对应的交互情景。

在第一阶段，评估用户自定义手势集的匹配度。首先，向被试展示一组预先准备好的在上一阶段收集到的用户自定义手势集的视频片段。然后，被试需要将手势与相应的目标任务相匹配。如果被试给出了错误的任务名称，将会被标记一次错误。

在第二阶段，测试用户自定义手势集的可记忆性。我们向被试展示含有任务名称的幻灯片，每张幻灯片显示一个任务并且在被试眼前持续展示 3s。被试看到任务名称后需要立即做出相应的手势动作。如果被试做错手势，将会标记一次错误，并且实验人员会将正确的手势动作视频再次呈现给被试。该过程将持续进行，直到被试正确完成所有任务。

在第三阶段，度量用户自定义手势集的疲劳度。与传统的肢体姿势不同，本次实验需要评估的对象为基于移动设备的手指手势。如果按照传统的方法每个手势只要求被试做一两次，则被试的疲劳度都很小，很难将这几个手势的疲劳度区分开。因此我们的方法是，实验人员在幻灯片上呈现目标任务和对应的手势，被试需要看到后将该手势连续做 20 次。因为复合任务相对比较复杂，因此专业的游戏玩家只需要重复做 10 次即可。我们使用了拉丁方来平衡目标任务可能的顺序效应对实验的影响。在完成任务后，被试使用一个 7 分李克特量表（1 = 舒适，7 = 疲劳）来评价手势动作的疲劳度。

4.5.4　实验结果

在实验中，被试在将目标任务与对应手势匹配时出错的次数反映了该任务与手势之间的匹配度，二者之间成反比关系。一个任务的匹配出错次数越高，该任务与对应手势之间匹配度就越低。

对于普通游戏玩家，平均出错数为 0.22（SD = 0.417）。如图 4.6 所示，这 6 个任务没有一个任务的错误数均值超过 0.5。最高的出错次数为 0.433，是"探头"所对应的手势。4 名被试把"探头"与"开镜"的手势搞混了。他们解释说，"开镜"

意味着放大视野内的物体，即类似于手机的放大/缩小功能。因此，他们错误地选择了"左手中指左右滑动"的手势。出错次数的最低得分 0 对应的是"蹲"的手势，所有的被试都表示"中指向下滑动"的手势与目标任务"蹲"有非常高的语义匹配关系。

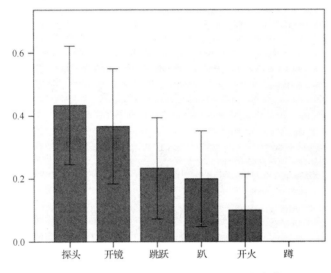

图 4.6　普通游戏玩家的平均匹配出错次数

专业游戏玩家平均出错数为 0.24（SD = 0.428）。如图 4.7 所示，与普通游戏玩家相似，专业游戏玩家统计数据里也没有任何一个复合任务的平均出错数在 0.5 以上。经计算，复合任务 2（倍镜压枪）：OFM（开镜+开火+移动）和复合任务 3（回柳跑枪）：MFOT（移动+开火+瞄准+开镜）得到了同样的平均出错次数 0.429，因为这两种手势非常相似，并且包含了相同的原子手势（开镜+开火+移动）。此外，"点击"手势与"开镜"任务之间没有强语义联系，这容易给被试造成一定程度上的困惑，从而与其他手势混淆。相比之下，匹配度出错次数最低的是复合任务 1（拜佛枪）：GF（趴+开火），得分为 0.048。只有一个被试选择了错误的手势。

在可记忆性测试中，我们通过计算被试记错目标任务所对应手势的平均次数来反映手势的可记忆性指标，二者之间也成反比关系。一个任务的记忆出错次数越高，该任务所对应手势的可记忆性就越低。

对于普通玩家来说，可记忆性的平均得分是 0.02（SD = 0.148），如图 4.8 所示。总共有 4 名被试在记忆手势时出错；有 2 名是在记忆"开镜"手势时出错，另外 1 名为"探头"，还有 1 名为"趴"。

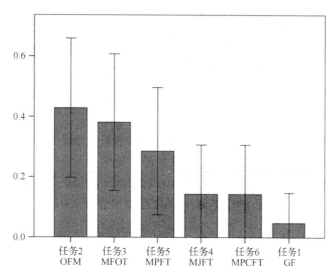

图 4.7　专业游戏玩家的平均匹配出错次数

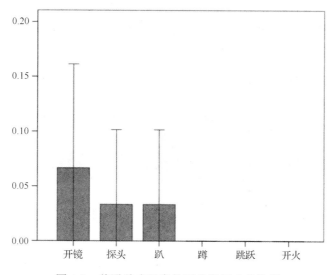

图 4.8　普通游戏玩家的平均记忆出错次数

对于专业游戏玩家来说，平均出错次数是 0.08（SD = 0.271），如图 4.9 所示。被试在实验过程中容易在复合任务 5（闪身枪）：MPFT（移动+探头+开火+瞄准）上犯错，因为它包含了原子任务"探头"，该任务在传统单面屏手机游戏中通常使用一个"点击"的手势。与之形成鲜明对比的是任务 1（拜佛枪）：GF（趴+开火）和任务 4（跳枪）：MJFT（移动+跳跃+开火+瞄准），这两个复合任务在背面屏上只有两个原子任务。另外，"跳跃"和"趴"两个原子任务的运动方向能很好地匹配"中指向上滑动"和"中指向下滑动"这两种手势。因此,没有被试在复合任务 1 和 4 上出错。

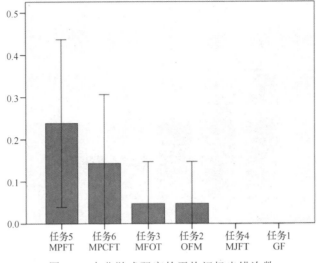

图 4.9　专业游戏玩家的平均记忆出错次数

我们将疲劳度定义为被试完成这个手势动作的疲劳程度。一个任务的疲劳度得分越低,用户做起这个手势来就越容易。

对于普通玩家来说,疲劳度平均得分为 3.01(SD = 1.535),如图 4.10 所示。总的来说,滑动类手势比点击类手势更加令人感到疲惫。被试表示,点击手势只需要一个手指的轻微运动。相比之下,滑动手势需要手臂上更多的肌肉群参与手势运动。因此,滑动手势要慢一些并且比单击手势更使人疲惫。

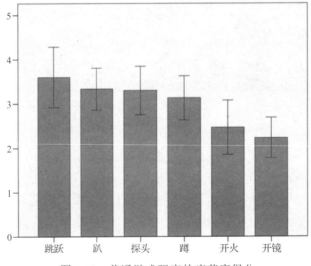

图 4.10　普通游戏玩家的疲劳度得分

对于专业游戏玩家来说，疲劳度平均得分为 3.43（SD = 1.708），如图 4.11 所示。复合任务 6（移动蹲射）：MPCFT（移动+探头+蹲+开火+瞄准）被认为是最令人疲惫的任务，因为它包含数量最多的原子手势动作，并且包含了多个手指在前后两块屏幕上的协同运动。被试表示在两个屏幕上都需要手势操作的任务比只需要在一块屏幕上做手势的任务更加令人疲惫。

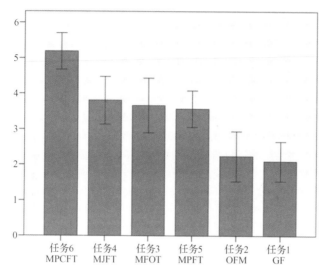

图 4.11 专业游戏玩家的舒适度得分

与任务 6（移动蹲射）相比，复合任务 1（拜佛枪）：GF（趴+开火）包含数量最少的原子手势动作，因此，它被认为是最舒适的手势。

4.5.5 小结

实验结果表明，双屏手机上的双手多指手势可以帮助用户更好地使用手机，并快速执行复杂并发游戏任务，而不会给用户带来太多的认知负荷和身体疲劳。

在本研究中，我们设计的用户自定义手势深受普通和专业玩家的喜爱。首先，对于原子手势来说，普通的游戏玩家在经过短期训练后可以很容易地掌握并使用。实验测试结果表明，在手势和对应任务的匹配度方面，被试的平均出错次数小于 0.5，也就是说被试可以很容易地学习和记住原子手势，而不需要太费力。在疲劳度方面，只有"跳跃"所对应的手势的疲劳度得分在 3.5 以上，因为这个手势的滑动动作需要更多的手背肌肉参与，通常会让使用者感到不舒适。除此之外，这个手势过程中也需要更多其他手指的参与以握紧移动设备/避免设备晃动，这在一定程度上也导致了该手势的疲劳度得分比较高。

其次，对复杂手势来说，匹配出错次数和记忆出错次数均高于原子手势。这也不难理解，因为复合手势包含两个或更多的原子手势，当被试在将复合手势与指定的目标任务匹配时，需要每个手指与对应的原子任务都映射正确，否则会产生错误，因此总体得分不如纯粹的单个原子手势。即便如此，复合手势在专业玩家中仍然很受欢迎。专业玩家表示：

"虽然复合手势比原子手势稍难记忆，但我仍然愿意学习掌握它们，因为我希望达到更高的游戏水平并获得更好的游戏体验。"

4.6　设计启发

根据这三个连续实验研究的结果，我们得出了一套在双屏移动设备中运用多指手势交互的设计指南。

4.6.1　简化用户心智模型

实验结果表明，在双屏移动设备中设计复杂并发游戏任务的手势时，手势动作应该比较简单、易于记忆和执行。大多数用户自定义手势都是滑动和点击类手势，没有奇怪的形状轨迹或复杂的手指运动，其原因是：

（1）在执行复合手势时输入界面分为前置屏和背面屏两块屏。

（2）用户的十根手指同时工作并且要求在两块不同的屏幕上协调合作。

（3）背面屏是不可见的。

所有这些因素导致了被试不可能设计复杂的手势，例如，手指滑动产生"三角形轨迹"和"矩形轨迹"，尽管这些手势曾经在前置屏交互设计中很流行。因此，系统设计师应该注意，双屏手势交互系统设计不能简单地套用现有的单屏手势交互设计指南，并且前置屏和背面屏交互的参数应该有不同的定义。对于双屏手势交互来说，简化用户心智模型是十分必要的，因为这将影响下一阶段系统开发中手势识别算法和交互技术的设计。

4.6.2　解决手眼协调问题

对于双屏移动设备，系统设计者不可避免地面临手眼协调问题的挑战。所谓的手眼协调问题是指眼动与手势的协调控制，以及系统有效地处理视觉信息以便引导用户手指的移动，而手指移动的本体感知又反过来引导眼睛的移动。在我们的研究中，被试对前后屏的分工给出了明确的定义。他们将两个最常用的任务"移动"和"瞄准"部署在前置屏，其他 6 个原子任务部署在背面屏上。他们解释说在玩《绝地求生》游戏时，"移动"和"瞄准"是两个需要连续交互和视觉反馈的任务。因此，为了满足游戏对交互效率和实时性的要求，这两个任务更加适合通过按下前置屏上的功能键来完成。另外，由于与背面屏交互时会有手眼分离问题，在前置屏设备界面中流行的基于 WIMP（Window，Icon，Menu，Pointing Device）的交互范式已经不再适用，而基于手势的背面屏盲打输入技术则是一种可行的替代方案。

4.6.3　消除遗留偏见影响

在开展这项研究之前，我们担心用户自定义手势集可能会出现严重的"手势分歧"问题。因为启发式设计方法本身对用户设计不加任何限制，并且针对本章所应用的对象双屏手机，多指手势输入有太多的自由度可以考虑和应用。然而，当我们要求被试为特定的目标任务自由设计手势时，他们所设计生成的手势却不约而同地出现了高度的一致性。在我们的研究中，大多数用户自定义手势是从传统单屏手机上的操作模式学习得来的，例如大量的滑动类或单击类手势。被试之前使用这些手势进行交互的经验和使用习惯，大大影响了他们在手势启发式设计中的手势选择。

因此，在我们的研究中产生的用户定义的手势深受遗留偏见的影响。最后一个阶段的基准测试则进一步验证了在手势设计中遗留偏见带来的好处，因为在遗留偏见的影响之下，用户自定义手势集变得很容易记忆和学习，并且能简单方便地使用，从而高效地完成目标任务。因此，遗留偏见可以帮助移动设备应用系统领域的设计师设计优质的手势集。

4.7　本章总结

本章通过选择最近流行的手游《绝地求生》作为一个应用案例，设计了一套在双屏移动设备上进行复杂并发游戏任务时的用户自定义双手手势集。整个三阶段的研究加起来一共招募了 111 名被试。虽然他们中没人有过在双屏移动设备上使用双手手势交互的经验，但他们设计生成了大量受遗留偏见启发的相同/类似的手势，如滑动和点击，这导致我们的启发式设计结果高度一致。基于用户启发式设计结果，我们进一步定义和明确了在双面屏移动设备上设计开发双手手势交互技术时的手势设计空间和相应的手势交互参数。然后，我们设计产出了一组易于记忆、容易学习和操作方便的用户自定义手势集。随后的基准测试进一步验证了用户自定义手势集的可用性以及社会接受度。实践研究也为基于其他多点触摸类的手势用户界面设计提供了有益的参考。

　　与之前的手势启发式设计实践相似，本章重点是探索手势设计空间，在不考虑技术细节的情况下，理解用户对双屏移动设备上的手势交互心智模型。下一步的工作可以在本章的基础之上，进一步设计开发鲁棒的基于双面屏移动设备的多指手指交互算法和相关的交互技术。

CHAPTER 05

面向智能汽车的用户参与式设计

手势启发式设计是一种源于用户参与式设计领域的新兴技术，近年来已经被广泛应用于新兴的交互系统和传感设备中。然而，传统的手势启发式设计往往受到手势分歧和遗留偏见问题的影响，因此可能无法为目标系统生成最优的手势集。

本章介绍了一个有关智能汽车车载信息系统手势交互设计的项目案例。我们提出了一个新的三阶段用户参与式设计方法，使用这种方法设计生成了比传统手势启发式设计方法更可靠的用户自定义手势集。根据实验结果，我们提出了一套自然手势设计准则。本章所提出的方法也可以有效应用于其他基于手势交互的智能产品界面设计。

5.1　设计动机

如今，越来越多的功能被集成到现代智能汽车的人机界面中。驾驶汽车时，汽车内部和周围信息的多样化会给驾驶员带来越来越大的挑战，并不断分散他们的注意力。在这样的情况下，优化使用驾驶员不同的感知通道已经成为用户与车载信息系统交互的重要设计因素。

解决这些挑战的一种可行的方法是在车内引入自然手势交互的信息系统。自然手势作为一种灵活的输入方式，已成功应用于虚拟/增强现实、电脑游戏、可穿戴计算和智能家居等应用系统中。

科技的进步也逐渐扩大了自然手势交互的应用范围。例如，新传感器技术、模式识别算法、生物控制论技术和无标记运动捕捉技术都促进了自然手势在智能产品中的应用。

基于自然手势的信息输入受到了越来越多的关注，并逐渐被应用于车载信息系统。有了手势交互这种新型交互方式，驾驶员可以一直看着道路，并使用自然手势来向车载信息系统下达命令，控制任务的完成。因此，传统驾驶模式中由于驾驶员需要将视觉注意力在实时路况和驾驶中控台之间不断切换而导致驾驶事故的风险会大大降低。

虽然有许多实证研究结果表明了手势交互的优点，但在基于自然手势交互的智能车载信息系统交互设计中，却仍然存在很多亟待解决的关键问题。例如，目前很多系统是由专业设计师设计的，终端用户很少有参与设计的机会。这样的做法可能会导致设计者想象中的"好"手势和终端用户实际执行的手势之间存在不一致的问题。

近年来，启发式设计是一种源于用户参与式设计领域的新兴交互设计方法，通过让实际用户参与到手势设计过程中来收集用户对系统的真实需求和期望。然而，这种方法在应用过程中也存在一些问题，例如，饱受遗留偏见问题的困扰。遗留偏见是指终端用户的手势设计方案往往受到他们自己对已有的熟悉的用户界面的个性化偏好或使用经验的影响，如WIMP（窗口、图标、菜单、指向设备）界面或基于触控的用户界面。因此，传统的手势启发式设计实践可能会经常陷入局部极小值，无法发现可能更适合给定目标任务的手势集。

本章介绍了我们面向智能汽车车载信息系统设计开发的用户自定义手势集。与传统的启发式设计实践中针对每一个目标任务都设计唯一的一个手势方案不同，我们的方法将整个用户参与式设计分为两个连续的阶段。其中在先验阶段，要求被试为每个目标任务设计两个候选手势，以最大程度降低遗留偏见的影响；接下来在后验阶段，为每个目标任务选择前两名最佳手势，以最大程度削弱手势分歧的影响。实验结果表明，与传统的用户参与式设计方法相比，我们的方法更加实用并能生成可用性更高的手势集，有利于基于自然手势交互的研究和设计实践。

5.2 设计调研

本章内容主要涉及自然手势在智能车载信息系统中的应用，以及基于自然手势交互的启发式设计实践。因此，我们在这一节中重点调研这两个方面的工作。

5.2.1 面向智能汽车的手势交互设计

目前已经有不少针对智能汽车车载信息系统开展的自然手势交互实践。这些工作大多数聚焦在当用户专注于驾驶任务的同时用自然手势控制的次要任务上。例如，Alpern等人的研究表明，手势交互技术是一种能够有效帮助驾驶员完成次要任务（例如手势导航和车载娱乐）的可行的替代方案。在这种情况下，自然手势交互局限于使用单手手势并且大部分动作都在中控台上方执行完成，这意味着用户只用一只手做手势，同时保持另一只手控制方向盘。

现有的基于手势的汽车控制交互实践案例大致可以分为两大类，即基于静态手势的应用和基于动态手势的应用。Akyol 等人开发了一种手势控制的车载信息系统，其中包含 6 种静态手势，用于检索交通新闻和电子邮件。类似地，Riener 等人设计了一套用于在开车时控制车载电子邮件客户端的静态手势。Rahman 等人也开发了一套手势自动跟踪系统，能够帮助用户方便地使用手势完成诸如访问媒体播放列表、切换音乐播放器的歌曲、播放或暂停歌曲等娱乐服务。

另外一些研究则关注那些人车交互语境中容易影响自然手势可用性的问题。例如，Bach 等人通过比较智能汽车车载信息系统三种不同的交互技术——物理操纵杆、触摸屏和自然手势交互，发现自然手势交互可以显著减少驾驶员在完成次要任务过程中的注意力切换次数，这会大大减少驾驶事故的发生。Döring 等人也建议设计既符合用户期望又适合当前交互语境的自然手势。Wahl 等人则提出了一套面向未来自动驾驶汽车的手势设计原则，涉及手势的鲁棒性、易学性和可识别性等。

更加深入的实践研究则涉及车内手势交互系统的安全性问题。为了减少用户的认知负荷和注意力分散、提高系统的安全性，目前已出现了很多的研究成果，例如 Zobl 等人和 Yang 等人提出在驾驶场景下的系统设计不得超过 14 种手势，否则用户的认知负荷会大大增加，系统的安全性也会大大降低。

除了上述的研究工作之外，一些专家也开始关注用户的种族背景、文化差异、日常手势行为习惯等客观因素对智能车载信息系统内的手势设计的影响。例如，Riener 等人根据欧洲驾驶员的操作习惯进行了调查，研究发现大多数欧洲汽车都配备了手动变速箱，而且在高速公路上开车时，大多数驾驶员更喜欢把他们的右手放在变速杆附近。针对这一现象，他们总结得出了车辆的换挡区域是用来跟踪和收集驾驶员右手手势动作数据的理想区域。

除了上述介绍的在学术界的广泛研究之外，自然手势交互在汽车行业业界也得到了广泛的应用，如宝马的基于手势交互的全息触摸系统、福特的 SYNC 3 技术和德尔福的前排座位手势控制系统等都是非常经典的案例。

5.2.2　面向智能汽车的启发式设计方法

尽管在智能汽车系统中，自然手势作为一种直观的输入方式已经被关注和研究了很长时间，但到目前为止，仍有许多问题没有很好地解决和形成共识。比如，什么样的手势技术最适合什么样的交互任务（音量控制、接听电话、温度调整），在实践中如何确定最优的手势集，自然手势和相应的目标任务之间最合适的映射关系是什么。遗憾的是，目前仍然缺乏通用的交互设计指南。在现有的智能汽车手势交互系统中，很多手势都是由人机交互专家设计的，与相应的目标任务之间的关系也是随意关联的，终端用户很少有机会参与设计和开发流程。因此，这样的系统可能无法识别用户在现实世界中自然而然做出的一些习惯性手势动作，面临着系统可用性变差和用户接受度降低的诸多问题和风险。

为了解决这些问题，我们在本章中采用了一种以用户为中心的设计（UCD）方法对终端用户的偏好和手势行为进行调研。以用户为中心的手势设计方法前人也早有实践。例如，Nielsen 等人提出了一个四阶段手势设计流程，从以用户为中心的角度为人机交互系统设计合理的手势集。在这个过程中，终端用户参与手势设计，并对得到的手势集进行评估。Löcken 等人扩展了 Nielsen 等人的研究，并设计出一套用户自定义的手势来控制音乐播放器。我们通过前期的项目实践，也提出了一个包含四阶段的以用户为中心的自然手势交互设计方法。与 Löcken 和 Nielsen 等人的方法不同的是，我们要求终端用户参与到整个手势开发的完整生命周期中，包括手势的需求定义、启发式设计、个性化开发和可用性评估。实践结果表明，通过让终端用户参与到他们即将使用的最终系统的真实开发场景中，可以大大提高手势识别的准确率和用户满意度。

为了更好地理解终端用户最喜欢哪种手势，一些专家进行了手势启发式设计研究，以探索终端用户的手势偏好和个性化行为规律。在这种方法下，终端用户需要根据实验人员提供的每一个给定的目标任务的预期效果（也称为指示物），设计一个自己认为的最佳手势来实现这种效果。接下来交互设计师汇总所有招募的被试的手势设计方案，进行一定的合并分组和归类，然后从所有的手势设计方案中选择频率最高的手势（即用户基数最大的手势，也称最佳手势），分配给相应的目标任务。手势启发式设计方法已经被广泛应用于各种应用领域和新兴的智能设备和交互系统，例如表面计算、移动设备、虚拟/增强现实、大型显示器、可穿戴设备、类人机器人和智能家居应用等。

传统的手势启发式设计实践中存在着手势分歧问题，即终端用户各有各的偏好，经常无法形成统一的设计方案。因此，设计师在经过汇总之后往往难以简单地根据最大频率比直接从终端用户所提出的手势设计方案中挑选出目标任务的最佳手势。为了解决这个问题，目前已存在一些交互设计方法，用于衡量终端用户能在多大程度上在为给定的目标任务选择一个合适的自然手势时达成一致的意见（即用户的共识度）。例如，Wobbrock 等人提出了一种一致性度量标准，利用一致性分数来分析终端用户的手势方案和建议。Morris 等人、Vatavu 等人和 Findlater 等人则进一步扩展了该一致性度量标准。借助于这种方法，设计人员可以使用一致性分数来衡量终端用户在给定任务中选择相同手势的可能性，即一个任务的一致性分数越高，那么用户越容易形成共识而为这个目标任务设计/选择同一个最佳手势。因此，这些一致性度量方法已被很多基于启发式设计方法的交互实践案例所广泛采用。

5.2.3　传统启发式方法的局限性及研究假设

虽然手势启发式设计方法已经得到了越来越多的关注，并被广泛应用于多个交互设计领域，但这种方法具有一定的局限性。

首先，由于启发式设计方法的开放性，没有太多设计经验的终端用户在手势设计过程中仅能凭借个人的偏好和使用习惯设计手势，因此最终导致生成的手势集可能非常多样化。而我们的很多设计实践案例也进一步表明，期望终端用户能够不约而同地为给定的目标任务设计相同的手势是不现实的。这是因为他们的手势设计方案可能很大程度上依赖于他们的个人偏好及其对先前所接触和熟悉的用户界面和交互技术的使用经验。例如，在为智能电视系统设计自然手势的设计实践中，针对同一个"切换到上一个频道"的目标任务，有些被试受传统遥控器启发而设计了向左挥手滑动的手势，而有些被试受多点触控屏幕的影响（尤其是资深手机用户）则选择了向右挥手滑动的手势。因此，在这种情况下使用一致性公式进行度量分析的话，可能没有一个手势会脱颖而出成为最佳手势。最坏的情况是一致性得分为 0，表示终端用户之间的意见完全不一致。

其次，在传统的启发式设计中究竟应该考虑让被试设计多少数量的手势，在设计方法上仍然缺乏通用的设计指南和标准。在大多数情况下，被试需要为给定的目标任务设计一个手势。不过，这种方法经常遭受遗留偏见的影响，被试不一定能够为目标任务设计出最佳手势，从而导致启发式设计实践陷入局部极小值而无法发现一些更加适合给定目标任务的手势。

在现实生活中，有时候当被试看到一些由他人设计或提供的候选手势时，特别是一些具有高度可学性的手势，他们很可能改变自己的想法并愿意使用这些手势。为了在用户参与式设计的早期阶段尽量减少过早排除那些有潜力的候选手势的机会，Morris 等人和 Chan 等人使用了启动和生产技术来抵消遗留偏见的影响。在他们的方法中，被试需要为给定的每一个目标任务都设计三种以上的手势。然而，这种方法在实际应用中可能十分受限，因为被试很难在短时间内为每个目标任务都设计三种以上的手势，尤其是当他们不熟悉手势设计空间的时候，这种要求更是不可能完成的。

第三，传统的启发式设计方法基本都采用了华盛顿大学 Wobbrock 等人提出的一致性度量公式，对所有终端用户针对同一个目标任务所设计的手势方案进行分组和合并，然后按照"赢者通吃（Winner-Take-All）"的交互设计策略，将用户基数最大/排名最高的最佳手势直接分配给目标任务。使用这种方法，最终将生成唯一的一组用户自定义手势集。与"赢者通吃"技术不同的是，Seyed 等人则要求每个目标任务的手势至少由三个不同的被试设计提出。然而，这种做法面临着在手势设计的早期阶段拒绝一些潜在的最佳手势的风险。例如，Choi 等人进行了三阶段研究并发现，在第一阶段实验中设计生成的一些最佳手势在第二阶段和第三阶段实验中很少或根本没有用户喜欢；与此类似的结论是，有一些在前两个阶段实验中由极少数人设计生成的十分独特但极易学习并具有高辨识度的手势在第三个阶段实验中被用户选择的概率极高。整体而言，三个不同实验阶段之间的最佳手势的变化率为 66%。综上所述，很多设计实践的结果表明，针对某一次独立的设计实践而直接选择排名最高的手势未必能保证手势的普适性。

第四，基于自然手势的交互设计还处于起步阶段，目前没有标准的设计规范和设计原则可以遵循。因此，对于任何给定的应用领域和交互系统，都不存在完全正确或完全错误的手势设计方案。不同的设计人员在不同的条件下可能会采取不同的设计策略，并产生不同的设计方案和结果。例如，Wobbrock 等人只设计了单一的一套标准手势集，而 Löcken 等人和我们的前期项目实践则表明针对一个特定的系统设计两套手势集能够提高系统的可用性。有时，即使在相同的应用场景中，不同文化背景的设计师通过实施完全独立的启发式设计实践也可能会得到完全不同的结果。例如 Kühnel 等人、Vatavu 等人和我们的前期项目在面向智能电视的手势集设计实践中，针对同一个目标任务"关掉电视"设计出来的手势完全不同，这表明在不同的文化群体中，手势设计方案是有显著差异的。

针对目前手势启发式设计中存在的问题，为了优化用户参与式设计方法，我们开展了一个包含三阶段设计实践的用户研究，并提出以下研究假设：

H_1：要求被试为每个目标任务设计 2 个手势，这有助于发掘一些潜在的优质手势，从而降低被试因为遗留偏见的影响而在交互设计的初期阶段就过早地遗漏或者排除这些优质手势的风险。

H_2：通过手势分组合并及基于一致性公式或一致率进行排序之后，为每个给定的目标任务选择排名靠前的两种手势而非只选择排名最高的一种手势，以减轻手势分歧问题，从而提高被试之间的共识度。

5.3　需求分析

当驾驶员从事需要认知介入的驾驶任务时，任何需要引起他/她的注意力分配的次要活动（例如打开 CD 播放机）都存在潜在的危险。因此，我们的交互实践聚焦于当驾驶员专注于驾驶主任务时，使用自然手势来控制车内次要任务的情景，一共包含三个阶段的用户研究。第一阶段研究（实验 1）的目的是确定基于自然手势交互的车载信息系统的次要任务集。在第二阶段研究中，我们让被试对每个确定的目标任务自由地设计两个自然手势。第二阶段研究（实验 2）的结果被用来作为第三阶段研究（实验 3）的手势候选对象，并且在第三阶段，我们将要求被试为每个目标任务选择两个最喜欢的手势。第三阶段研究的主要目的是探索和验证假设，即在启发式设计的先验阶段为每个目标任务设计两个手势，然后在后验阶段为每个任务选择两个最佳手势的设计策略有助于缓解手势分歧问题，并能够在一定程度上减轻遗留偏见带来的影响。

要设计开发一个用户友好的智能汽车手势界面，一个很重要的工作就是要对预期的目标系统有一个明确的使用场景和交互上下文的理解，即应该识别哪些用户将会使用这样的系统，在什么条件下用户会乐意使用它，以及用户会用它来完成什么任务。

为了确定系统所需的目标任务集，首先面向智能汽车车载信息系统这一领域收集了一些来自不同汽车产品的交互任务。此外，我们还深入调研了基于手势交互的汽车用户界面的相关文献研究。通过前期调研过程中所收集到的资料和数据，我们为基于手势的车载信息系统提供了包含 29 个功能的候选任务集。

我们邀请 10 名被试（5 名男性和 5 名女性）进行了一次头脑风暴。他们的年龄介于 21～46 岁（$M = 32.73$，$SD = 3.45$）之间。被试来自不同的职业背景，包括推销员、程序员、研究生和大学教师。被试具有 1～20 年的驾驶经验。头脑风暴的目的是完善和验证 29 个功能，并确定在后续的用户研究中可能出现的潜在问题。这个过程在可用性实验室中进行，时间持续了大约 4h。在头脑风暴过程中，我们收集了一些可以用于汽车手势界面设计的重要信息。例如，新手驾驶员（少于 5 年的驾驶经验）会因为担心开车时的安全问题而不敢在驾驶时使用手势。相比之下，有经验的驾驶员（5 年以上驾驶经验）对手势交互技术表现出极大的兴趣。正如一名被试所说：

"*自然手势输入在一定程度上可以缓解驾驶过程中眼手分离的问题，比如当我需要触摸车内多媒体系统的控制面板来完成诸如切换歌曲或者希望查找我最喜欢的歌曲等任务时，手势交互就十分有必要。*"

这些信息很大程度上帮助我们进一步了解车载信息系统的目标用户类型以及实际需求。

接下来，我们组织了一次半结构化访谈，以深入了解用户是如何使用自然手势与车载信息系统交互的。我们招募了 16 名被试（10 名男性和 6 名女性），他们来自不同的专业背景，包括艺术、设计、新闻、传播和历史。他们的年龄在 25～43 岁之间（$M = 33.75$，$SD = 2.78$）。所有被试都有超过 5 年的驾驶经验。在访谈中，我们将之前调研阶段所收集的 29 个功能作为基本信息，向被试询问以下问题：

（1）基于手势的智能汽车车载信息系统最需要的核心功能都有哪些？

（2）哪些功能最适合用自然手势来完成？

（3）开车时使用自然手势的优点和缺点分别是什么？

（4）这样一个汽车手势界面应该提供的自然手势的最大数量是多少？

在我们提供的 29 个功能列表中，被试挑选出了 16 个他们认为对车载信息系统特别有用的功能。

表 5.1 列出了这 16 个功能。表格左边的两列分别用序列号和任务名称标识每个目标功能。表格右边的两列分别表示每个任务在被试中的受欢迎程度。其中，任务 11～16 的受欢迎度全部低于 50%，也就是说有 50% 以上的用户认为该功能不该出现在目标系统中。

表 5.1　核心功能

序号	任务名称	用户数量	人数比例
1	增大音量	16	100%
2	减小音量	16	100%
3	打开空调	12	71%
4	接听电话	11	69%
5	挂断电话	11	69%
6	下一首歌	11	69%
7	调高温度	11	69%
8	调低温度	11	69%
9	上一首歌	10	63%
10	关闭空调	10	63%
11	打开收音机	7	44%
12	打开 CD 音乐播放器	7	44%
13	缩小地图	7	44%
14	放大地图	7	44%
15	增大风速	6	38%
16	降低风速	6	38%

虽然任务 11（打开收音机）和任务 12（打开 CD 音乐播放器）在访谈时也被一些被试提到，但总体来说并没有被视为最需要的核心任务。因为被试说他们只需要在开车前操作一次即可。

类似地，尽管被试认为任务 13（缩小地图）和任务 14（放大地图）这两个任务适合用自然手势来完成，因为基于先前他们使用的多点触摸用户界面（例如智能手机）建立的心智模型，这些手势可以很容易地与相应任务形成映射关系。但是，要执行这些任务，被试需要分配注意力到智能汽车中心控制台屏幕的界面元素上。很显然，这种方式可能会分散他们对实时路况的注意力，从而带来驾驶上的安全隐患。因此，为了安全驾驶，被试会尽量避免这样的行为。

任务 15（增大风速）和任务 16（降低风速）被普遍认为不是系统必需的核心功能。正如被试所说，风扇速度对调节车内温度来说并非最重要的因素。如果感到热或冷，他们会直接调节温度而不是调节风扇的转速。

考虑到 Miller 提出的交互设计"7+2"原则和人类大脑进行信息处理的短期容量特点，我们决定排除最后 6 个任务，保留前 10 个作为核心任务，这样也可以让驾驶员更容易记住所有的手势命令，这样做的目的是将系统中驾驶员需要记住的手势词汇量降到最低水平。

在本节中，我们从驾驶员角度进行目标任务的收集并最终选定了在一个基于自然手势交互的智能汽车车载信息系统中需要为用户提供的 10 大核心功能。本次调研的结果为我们后续的实验研究奠定了基础。

5.4 用户参与式设计

在本研究中（实验 2），首先收集了基于手势的汽车用户界面中最需要的核心任务的更多信息，用于验证调研阶段所推导的结果。然后，基于系统应该支持的 10 个最核心的目标任务，要求被试在没有任何提示的情况下，为每个给定的目标任务设计两个自然手势。我们的目的是观察被试对于不同的车内交互任务最偏好的自然手势交互模式，然后将我们的发现和研究结果应用于基于手势的汽车用户界面设计。

5.4.1 被试

我们招募了 16 名被试（9 名男性和 7 名女性）。他们来自不同的专业背景，包括计算机科学、电气工程、设计科学，他们的年龄分布在 28～38 岁（$M = 28.12$，$SD = 4.27$）之间，所有被试都有 5 年以上的驾驶经验，然而，他们都不具有使用自然手势交互技术的经验。

5.4.2 实验设备

我们在一辆真实汽车上进行了本次实验研究，如图 5.1 所示。我们的目标是希望通过观察收集来自终端用户的真实手势行为。

在实验过程中，被试坐在驾驶座上，在听到坐在后座的实验人员发出的关于目标任务的指令之后，被试需要做出他们最喜欢的手势来完成这个任务。实验过程中使用了 Web 网络摄像头和录音笔来记录被试的手势行为和关于为什么设计这样的手势的口头解释。

图 5.1　智能汽车用户参与式设计实验环境

5.4.3　实验过程

在实验开始前，实验人员先向被试简要介绍实验目的、任务和要求，然后被试签署了知情同意书。在实验中，被试需要想象自己正在乘坐一辆智能汽车车内的情景，这辆智能汽车搭载了支持基于自然手势交互的车载信息系统，能够使用自然手势完成 10 个目标任务。

不同于传统的启发式设计方法，对于给定的这 10 个目标任务，要求被试对每个任务都设计两个手势。通常被试提出的第一个手势容易受到遗留偏见的影响，设计完第一个手势后，实验人员要求被试再设计一个手势将促使被试更加冷静地思考，并有可能给出一个更为合理的手势候选。

我们使用了拉丁方来平衡被试所接触到的 10 个任务的顺序，同时使用了"出声思维（Think-Aloud）"技术来收集被试的设计原理。所有的被试都需要口头解释他们为什么要为一项任务设计这个特定的手势。为了防止任何可能的偏见，实验人员不得向被试提供任何提示或展示任何界面元素。在被试完成既定的任务后，要求他们回答一份关于人口统计学方面的事后访谈问卷，填写包括年龄、性别和专业等相关信息，整个实验持续了 20～40min。

5.4.4　实验结果

本实验共有 16 个被试为 10 个目标任务分别设计两个手势，我们共收集了 320 个（16×10×2）自然手势。通过对手势特征的分析，将手形完全相同或轨迹完全相同的手势直接合并成一个手势，最后一共得到了 190 组手势。其中 84 组手势是被试的第一选择，剩下的 106 组手势是被试的第二选择。基于所收集的用户自定义手势，我们使用 Vatavu 等人所提出的一致率公式来为每个任务计算手势的一致性得分。一致率公式的定义如下：

$$AR(r) = \frac{|P|}{|P|-1} \sum_{P_i \subseteq P} \left(\frac{|P_i|}{|P|} \right)^2 - \frac{1}{|P|-1} \qquad (1)$$

其中，P 是被试为任务 r 所设计提出的所有手势的集合，$|P|$ 为集合的大小，P_i 是 P 的手势子集。

针对 10 个目标任务，被试的第一选择手势和第二选择手势的平均一致性得分分别为 0.215（SD = 0.130）和 0.068（SD = 0.043）。根据 Vatavu 等人提出的关于一致性得分等级的说明规范，在本次研究中我们获得的所有任务的平均一致性得分在量级上非常小，如图 5.2 所示。

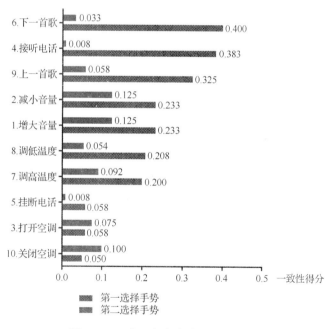

图 5.2　10 个目标任务的一致性得分

图中横轴表示一致性得分。纵轴按照所有任务第一选择手势的一致性得分降序排列。

总的来说，与前人的启发式设计实践相比较，本次实验结果的一致性得分显得更低。例如，面向移动设备的平均一致性得分为 0.221，表面计算的得分为 0.242，智能电视控制的得分为 0.362，增强现实的得分为 0.417，虚拟 3D 对象操作的得分为 0.430。

虽然一致性得分整体都很低，但我们仍然发现，第一选择手势比第二选择手势在一致性得分上高出 216.2%。使用配对样本 t 检验，发现第一选择手势和第二选择手势之间存在显著差异（$t_9 = 3.167$，$p = 0.011$）。我们还发现目标任务的排序和第一、第二选择手势之间存在显著的相关性（$\rho_{(N = 10)} = 0.679$，$p = 0.012$）。

对于第一选择手势，最高的一致性得分为 0.400，出现在被试为任务 6（下一首歌）所设计的手势。被试为该任务总共设计产生了 5 个不同的自然手势，得分最高的是"向右滑动"手势，有 10 名被试选择。相比之下，最低的一致性得分是在为任务 10（关闭空调）所设计的手势，得分为 0.050。被试为该任务总共设计产生了 11 个不同的自然手势，但得分最高的手势"逆时针旋转手腕"只有 3 个被试选择。

对于被试的第二选择手势，最高的一致得分为 0.125，出现在任务 1（增大音量）和任务 2（减小音量）的手势中。每个任务都产生了 8 种自然手势，任务 1 和任务 2 中得分最高的手势为"顺时针旋转手腕"和"逆时针旋转手腕"，分别由 5 名被试设计选择。相比之下，最低的一致性得分为 0.008，出现在任务 4（接听电话）和任务 5（挂断电话）的手势中，每个任务总共产生了 15 个不同的自然手势。任务 4 的最佳手势为"手做接电话状，大拇指靠近耳朵同时小拇指靠近嘴巴"，只有 2 个被试设计这个手势；类似地，任务 5 的最佳手势为"保持接电话的手形，但手从嘴边挪开移走"，也是只有 2 个被试设计这个手势。

5.4.5　小结

与要求被试为每个目标任务只设计一个手势的传统启发式设计实践方法相比，本实验的一致性得分显得更低。其主要原因可能是我们要求被试为每个任务设计两个手势，从而产生了更多更分散的手势类别，进而拉低了整体的一致性得分。鉴于目前所得到的目标任务的一致性得分较低以及被试之间存在严重的分歧问题，我们不能遵循传统的手势启发式设计方法，即只挑选被试基数最大的手势来直接赋值给对应的目标任务，比如说任务 4 和任务 5 中的最佳手势也只不过是只有 2 个被试设计了这样的手势而已。因此，我们希望保留这些有潜力的候选手势，以便在下一阶段的研究中进行进一步改进和验证。

5.5　可用性评估

尽管我们在前一个阶段已经确定了智能汽车车载信息系统中的次要任务集，以及针对这些任务用户通常更喜欢的自然手势交互行为，但是由于我们在交互设计实践中所使用的启发式设计方法具有一定的自由性和开放性，因此目前仍不清楚这些用户自定义手势在实践中是否有效。鉴于此，我们进行了第三个实验研究（实验 3）来验证前一阶段所收集到的用户自定义手势集。具体来说，我们希望验证前面提到的两个假设，即为每个给定的目标任务设计和选择两个手势这种交互设计策略可以有效地帮助解决传统启发式设计方法所遭遇的手势分歧问题和遗留偏见问题。

5.5.1 被试和实验设备

为了保持一致性，我们招募了与实验 2 相同的 16 名被试参加本实验。本实验的测试环境也与实验 2 相同。不同的是，在本次实验过程中，被试需要为每个目标任务选择 2 个手势，而不是设计 2 个手势。实验的应用场景和目标任务通过 iPad 上的幻灯片展示给被试，被试将看到文本说明、图片和 GIF 动画图像等不同的形式来说明需要完成的任务。在实验过程中，iPad 被放置在汽车的前挡风玻璃上，如图 5.3 所示。我们使用了一个 Web 网络摄像头和一支录音笔来捕捉被试的手势动作以及在设计手势动作时的口头解释。类似于前面所做的实验，我们不给被试提供任何提示。

图 5.3　智能汽车可用性评估实验环境

5.5.2 实验过程

在实验开始前，实验人员首先告知被试实验目的、任务和要求，然后所有的被试都签署了知情同意书。接下来，实验人员向被试展示了 10 个核心目标任务和 190 组由被试上一个阶段所设计提出的手势候选。

在每项任务中，被试都会在幻灯片上看到一组自然手势候选，要求被试为每个任务选择两个最佳手势。因为我们推测，一些由少数人设计提出的有潜力、优质并且易学的手势，在标准的启发式设计框架下，会因为数量太少而被忽视和过早地被淘汰，但如果给它们一定的机会参与竞争，将有可能被选择而逆袭成为高分的最佳手势。我们使用"出声思维（Think-Aloud）"的方法来记录被试在每一个任务中选择一个特定手势的原因，实验持续了大约 30min。

5.5.3　实验结果

在这个实验中，我们为被试提供了 190 组在之前的实验中收集的手势候选，其中包括 84 组第一选择手势和 106 组第二选择手势。实验结束后，总共收集了 143 组手势，其中包括 65 组第一选择手势和 78 组第二选择手势。总的来看，不管是手势总数还是第一选择手势或者第二选择手势的数量，相比实验 2 都有不同程度的减少。

1．一致性得分

与实验 2 类似，仍然使用 Vatavu 等人提出的一致率公式来计算 10 个目标任务的一致性得分，结果如图 5.4 所示。

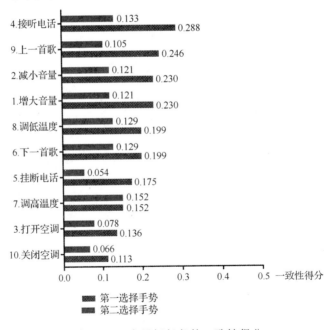

图 5.4　10 个目标任务的一致性得分

横轴表示一致性得分，纵轴按照所有任务第一选择手势的一致性得分降序排列。

10 个目标任务中第一选择手势和第二选择手势的平均一致性得分分别为 0.197（SD = 0.054）和 0.109（SD = 0.032）。与之前的实验相似，本实验中得到的一致性得分在量级上也非常小。

与实验 2 实验结果相比，第一选择手势比第二选择手势的一致性得分高出 80.7%。使用配对样本 t 检验，我们发现第一选择手势和第二选择手势之间存在显著差异（$t_9 = 5.898$，$p = 0.000$）。我们还发现，目标任务排序与第一选择手势、第二选择手势显著相关 $\rho_{(N=10)} = 0.605$，$p = 0.028$）。

在第一选择手势中，最高的一致性得分是 0.288，出现在被试为任务 4 接听电话所设计的手势。被试总共为该任务设计了 4 个不同的自然手势，得分最高的手势是"手做接电话状，大拇指靠近耳朵同时小拇指靠近嘴巴"，有 8 个被试选择。相比之下，最低的一致性得分是 0.113，出现在被试为任务 10（关闭空调）所设计的手势。被试为该任务总共设计产生了 8 个不同的自然手势，其中得分最高的是"掌心朝前做停止状"的手势，共有 4 名被试选择。

在第二选择手势中，最高的一致性得分为 0.152，出现在被试为任务 7（调高温度）所设计的手势。被试为该任务总共设计了 7 个不同的自然手势，得分最高的是"抬手向上滑动"的手势，有 5 名被试选择。相比之下，最低的一致性得分出现在被试为任务 5（挂断电话）所设计的手势，得分为 0.054。被试为该任务总共设计了 9 个不同的自然手势，但得分最高的手势"打响指"只有 3 个被试选择。

2．被试之间的内部一致性度量

我们使用了 Kappa 检验来度量提出手势的被试之间的内部一致性。

图 5.5 显示了 10 个目标任务中每个任务计算得到的 Kappa 值。总的来说，所有任务的 Kappa 值的等级都非常小，第一选择手势的 Kappa 值介于 0.06～0.24 之间（$M = 0.121$，$SD = 0.064$），第二选择手势的 Kappa 值介于-0.02～0.03（$M = 0.013$，$SD = 0.017$）之间。所有 Kappa 值都属于一致性很差的类别（≤0.40），这反映了被试之间的手势选择很不一致的情况。通过被试之间的 Kappa 一致性度量，我们也进一步证实了手势在一致性得分方面的显著差异。

3．在两个实验中改变主意的被试调查

我们调查了在两个实验中改变第一选择手势的被试。图 5.6 统计了针对每一个目标任务，被试在看到了由其他人设计的候选手势后改变了自己第一选择手势的人数比例。平均而言，有 40.6%的被试改变了他们的第一选择手势，如果采用传统的启发式设计方法，这些手势将会被认定为最佳手势而被直接赋值给相应的目标任务。因此，这一事实也进一步为基于自然手势交互的用户界面设计中存在严重的遗留偏见和手势分歧问题提供了充分的经验证据。

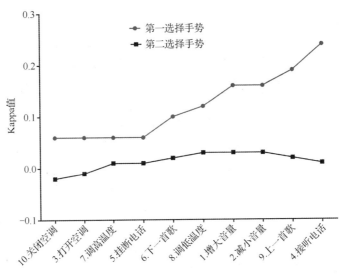

图 5.5　Kappa 内部一致性度量

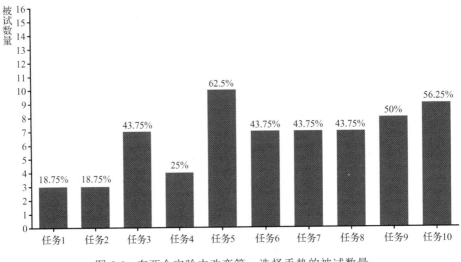

图 5.6　在两个实验中改变第一选择手势的被试数量

4．检验两个实验中的最佳手势

如表 5.2 所示，在本实验之后，原本在实验 2 中设计的 10 个最佳手势中只保留了 5 个，包括为任务 1（增大音量）而设计的用"抬手向上滑动"的手势，为任务 2（减小音量）而设计的"抬手向下滑动"的手势，为任务 3（打开空调）而设计的"朝自己扇风"的手势，为任务 4（接听电话）而设计的"手做接电话状，大拇指靠近耳朵同时小拇指靠近嘴巴"的手势，为任务 5（挂断电话）而设计的"保持接电话的手形，但手从嘴边挪开移走"的手势。相比之下，任务 6～10 中所对应的 5 个最佳手势在本实验中都发生了变化。因此，最佳手势在两个实验之间的变化率为 50%。这一结果与 Choi 等人的研究结果很相近，他们的实践结果表明最佳手势在不同实验间的变化率为 66%。

进一步观察本实验的结果发现，任务 6 到任务 9 中一致性得分最高的手势实际上都来自实验 2 结果中的第二选择手势，有趣的是，如果按照传统的启发式设计方法，这些手势早在实验 2 中就会因为较少的用户基数和较低的一致性得分而早早地被排除掉了。与此相反的另一个有趣的结果是，在实验 2 结果中任务 6～9 对应的排名第一的最佳手势现在成为本实验中排名第二的手势，而如果继续按照传统的启发式设计方法，这些手势在本实验中也应该会因为较少的用户基数和较低的一致性分数而被排除掉。鉴于目前所出现的情况，很多设计师可能会感到非常困惑，因为他们无法决定选用什么标准来判断以及究竟选择哪个最佳手势或者究竟要排除哪一个。

然而，仔细分析可以发现，如果我们把本实验得出的排名前两位的最佳手势都考虑进来作为新的最终手势集，就能看到，实验 2 中设计得出的 5 个最佳手势和本实验中设计得出的 4 个新的最佳手势都将被包含在这个新的最终手势集内。因此，通过这样的计算，最佳手势的变化率可以从原来的 50%降低到 10%，也因此提高了被试之间的共识度。因此，从这一点上来说，这一结果验证了我们的第二个假设。

另外一个有趣的发现是，本实验中任务 10（关闭空调）生成的新的最佳手势"掌心朝前做停止状"，在实验 2 中曾经被其中 2 名被试建议作为第二选择手势候选。实验招募的 16 个被试中竟然没有一个人曾经提到过将它作为第一选择手势。这一结果也进一步验证了我们的第一个假设，即要求被试对于给定的目标任务设计两个手势是非常有必要的，它可以帮助设计师从终端用户处挖掘到更有价值的手势设计方案，从而减少传统启发式设计实践面临的遗留偏见问题。

两个实验中 10 个目标任务所对应的第一选择手势和第二选择手势见表 5.2。

表 5.2 两个实验手势排序

任务名称	实验 2				实验 3			
	前两名手势	第一选择手势	第二选择手势	总数	前两名手势	第一选择手势	第二选择手势	总数
增大音量	手掌往上滑动	8	2	10	手掌往上滑动	8	2	10
	五指顺时针拧	1	5	6	手指往上滑动	2	5	7

续表

任务名称	实验 2				实验 3			
	前两名手势	第一选择手势	第二选择手势	总数	前两名手势	第一选择手势	第二选择手势	总数
减小音量	手掌往下滑动	8	2	10	手掌往下滑动	8	2	10
	五指逆时针拧	1	5	6	手指往下滑动	2	5	7
打开空调	右手朝自己扇风	3	2	5	右手朝自己扇风	5	2	7
	张开拳头	1	4	5	手在风口左右挥	2	3	5
接听电话	比一个"六"放在耳边	10	2	12	比一个"六"放在耳边	8	5	13
	食指中指在耳边点两下	1	1	2	食指中指在耳边点两下	4	3	7
挂断电话	比一个"六"从耳边放下	4	1	5	比一个"六"从耳边放下	5	2	7
	比一个"六"然后掌心朝下放下	2	2	4	手掌左右摆，做一个再见的动作	4	0	4
下一首歌	手掌从左向右滑动	10	2	12	手指从左向右滑动	6	4	10
	手指从左向右滑动	1	2	3	手掌从左向右滑动	5	2	7
调高温度	手掌往上滑动	7	4	11	五指顺时针拧	6	2	8
	五指顺时针拧	3	0	3	手掌往上滑动	3	5	8
调低温度	手掌往下滑动	7	3	10	五指逆时针拧	7	1	8
	五指逆时针拧	3	0	3	手掌往下滑动	3	5	8
上一首歌	手掌从右向左滑动	9	2	11	手指从右向左滑动	7	3	10
	手指从右向左滑动	1	2	3	手掌从右向左滑动	5	2	7
关闭空调	五指逆时针拧	3	1	4	掌心朝前做停止状	4	3	7
	握拳	2	5	7	手在风口左右挥	3	3	6

5．用户自定义手势集

通过汇总前述两个实验中所收集到的手势，我们生成了一组用户自定义手势集作为智能汽车车载信息系统的一种新的交互方式，如图5.7所示。

5.5.4 小结

在本次实验中，我们对先前的两个假设进行了验证。首先，实验结果表明，在本实验中如果只选择排名第一的最佳手势集，就只能包含上一阶段实验中50%的最佳手势（任务 1～5）。而如果选择排前两名的最佳手势集，就能包含上一阶段实验中 90%的最佳手势（任务1～9）。因此，从这一点上说，实验结果验证了我们的第二个假设（H₂），即为每个给定的任务选择前两个最佳手势可以缓解手势分歧问题，从而提高被试在手势选择方面的共识度。

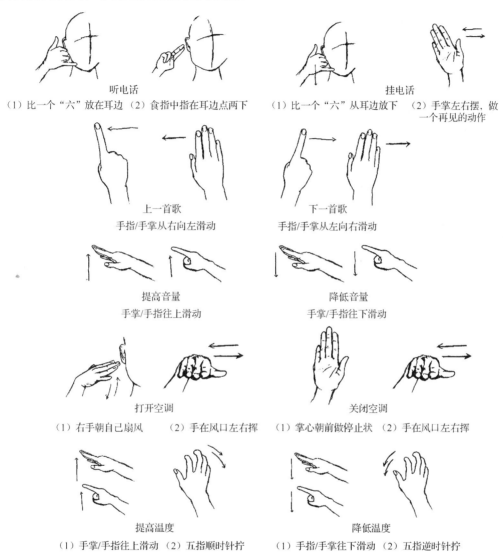

听电话
（1）比一个"六"放在耳边 （2）食指中指在耳边点两下

挂电话
（1）比一个"六"从耳边放下 （2）手掌左右摆，做一个再见的动作

上一首歌
手指/手掌从右向左滑动

下一首歌
手指/手掌从左向右滑动

提高音量
手掌/手指往上滑动

降低音量
手掌/手指往下滑动

打开空调
（1）右手朝自己扇风 （2）手在风口左右挥

关闭空调
（1）掌心朝前做停止状 （2）手在风口左右挥

提高温度
（1）手掌/手指往上滑动 （2）五指顺时针拧

降低温度
（1）手指/手掌往下滑动 （2）五指逆时针拧

图 5.7　面向智能汽车车载信息系统的自然手势集

此外，本实验中，针对任务 10 生成的排名第一的最佳手势实际上是上一阶段实验中被两名被试提出来的第二选择手势，而包括这两名被试在内的所有 16 名被试都没有人提出将其作为第一选择手势。这个结果也验证了我们的第一个假设（H₁），即要求被试为每个任务设计两个手势的策略有助于发现一些由于被试受到遗留偏见

的影响而在实验过程中可能不会想起来的优质手势，因此在一定程度上能够减轻遗留偏见的影响。

5.6 用户心智模型分析

本节我们分析讨论终端用户在设计和选择车载信息系统手势时的心智模型。

5.6.1 手的位置和数量

尽管我们没有限制被试在这个系统中应该使用几只手，但所有被试都采用了单手手势。出于对驾驶安全的考虑，被试担心双手都离开方向盘会带来安全隐患问题，这一结果与先前的很多设计实践结果相一致。

5.6.2 手势的舒适活动区与社会接受度

Riener 等人的研究表明，智能汽车的换挡区域是欧洲驾驶员执行空中手势的理想空间。相比之下，在我们的实验中，80%的手势动作是在汽车控制台的正上方进行的，其他 20%是在用户的头部旁边执行的。正如被试所描述的那样，手势在这个区域的交互会更加精确、直观，并且更容易被接受。因此，如果将空中手势作为车载信息系统的一种输入方法而广泛应用，系统设计师需要确保驾驶员前方的许多空间区域中都能捕获和感知用户的手势动作，而不仅仅像欧洲汽车那样仅在换挡杆上方的区域感知捕获手势动作。

5.6.3 简化的用户心理模型

手势应该简单、易于记忆和执行。根据被试在第一阶段实验的半结构式访谈中所提出的建议，被试对车载信息系统中能够接受的最大手势数量平均值为 10（SD = 2.375）。这个结果与 Zobl 等人和 Yang 等人的研究结果是一致的。此外，简单的手势更容易受到被试的欢迎。在用户自定义的手势集中没有怪异的手形，也没有复杂的手部运动。

5.6.4 设备上下文依赖性与手势复用

我们发现，车载信息系统的自然手势与目标交互设备存在上下文依赖关系，因此设计师可以在不同的设备或者界面上重复使用一些相同的手势，以减少系统中手势的数量，进一步减轻用户的认知负担。有趣的是，我们发现除任务 4（接听电话）之外，所有的用户自定义手势都是在靠近相应的目标装置区域执行的。例如，当手分别靠近 CD 音乐播放器或空调时，使用同一个"手掌向上滑动"的手势可以分别完成任务 1（增大音量）或任务 7（调高温度）。相比之下，任务 4 和任务 5 所对应的"拿起电话"和"挂断电话"的手势都在耳朵附近的区域完成，而与真实的车内空间中移动电话具体的放置位置无关。

5.7 设计启发

基于前面所介绍的三个阶段实验研究的结果，我们提出了一套车载信息系统中自然手势交互设计规范。

5.7.1 消除遗留偏见影响

由于时间和空间等客观实验条件的限制，被试可能未必总是能够想起针对每个目标任务的最佳手势。此外，即使是他们所能提出来的手势设计方案也往往受到他们已有的交互技术和用户界面的遗留偏见影响，这可能导致启发式设计实践结果陷入局部极小值，而无法发现对于给定目标任务的更合适的手势交互方式。一旦被试发现他人设计提出的手势候选相比自己起初所提出的手势方案更好，他们可能会受事后诸葛亮效应的影响而恍然大悟从而改变主意。我们的数据表明40.6%的被试（图5.6）会改变他们最初的第一选择手势。例如，三个被试最初在实验 2 的任务 10（关闭空调）中设计了一个"五指逆时针拧"的手势。然而，这 3 个被试都在实验 3 中放弃了原来的手势设计方案，转而选择了一个"掌心朝前做停止状"的手势。当被问及他们为什么会改变初衷时，其中一个被试说：

"当我被要求设计一个手势来关掉空调时，我的第一反应是模仿真实汽车内空调上的那个旋钮。但是，当我在看到这个别人设计的'停止'的手势后我就很想用这个手势替换原来的设计。因为我认为这个新手势更直观，也更容易操作。"

为了解决遗留偏见问题，Morris 等人和 Chan 等人应用了启动和生产技术，要求被试为每个目标任务设计至少三种手势来消除遗留偏见。但是，这种技术在实际应用中有一定的局限性。像 Chan 等人指出的那样，一些被试很难一次性地为每个目标任务都设计这么多手势。在这种情况下，许多在强制性要求下被试被迫设计的手势可能不会代表他们的真实意图，因此往往应用意义不大。在本项实验研究中，我们提供了在启发式设计实践中对每个目标任务派生两个手势的实证经验和证据。

5.7.2 关注手势分歧问题

传统的手势启发式设计实践采用"赢者通吃（Winner-Take-All）"的设计策略，

对每个目标任务都指派一个来自终端用户的最佳手势。然而，这种方法未必总是能保证手势的较高的可用性和广泛的社会接受度，尤其是手势非常多样化的时候。Choi等人所做的一项研究表明，在被试观察到其他设计者提出的候选手势后，有66%的最佳手势都被更改了。这一发现在我们这次的实践研究中也再一次得到了证实，我们的结果表明有50%的最佳手势被更改了。

我们的研究还进一步表明，为每个目标任务选择由排前两名的两个手势组成的手势集能够包含更多的最佳手势，否则就有很多优质的手势会因为传统的启发式设计方法中所推崇的最大频率比方法和"赢者通吃"的设计策略而被早早地排除掉。以任务6到任务9这四个任务为例，第三阶段实验中的最佳手势在第二阶段实验中其实是排名第二的。反过来也成立。因此，过早地排除排第二的手势候选可能会导致启发式设计实践陷入次优设计方案。为每个目标任务选择排前两名的最佳手势则有助于缓解手势分歧问题，提高被试的一致性和共识度。

5.7.3 手势与功能的映射

我们的实验结果表明，简单的单手手势更受被试欢迎。根据被试的心智模型分析，用户自定义手势大致可分为三类。

第一类包含与物理方向紧密相关的手势：向上滑动、向下滑动、向左滑动、向右滑动。

第二类手势是关于处理虚拟对象的，并且在现实世界中可以找到相应的物理映射，例如，在做"五指顺时针拧"和"五指逆时针拧"这两个手势的时候就像手里握着一个真实的物理旋钮一样，而接听电话的手势就像手里抓着一个传统的电话听筒一样。

第三类是隐喻类的手势，当一个手势作用于或类似于其他对象时，就会出现隐喻类手势。例如任务3中"右手朝自己扇风"的手势，表示让风吹向自己；任务4中"食指中指在耳边点两下"的手势表示被试在调整自己戴的耳机；任务10中的"掌心朝前做停止状"手势，表示阻止空调的风继续吹向自己。

对于上述第一类和第二类手势，我们可以直接将这些手势与被试已经熟悉的方向或物体清晰地联系起来，可以让设计师更容易设计出基于手势的交互系统。然而，对于隐喻类的手势，由于来自被试的手势存在多样性，设计师们可能会在设计中面临一些困难和挑战。在这样的情况下，向被试提供一个便利的个性化定制平台供他们进行手势个性化设计可以缓解手势不一致的问题，从而平衡利益相关者的不同偏好。我们在前期就设计开发了这样一个软件平台，支持普通的非专家用户在不需要掌握复杂的图像处理、机器学习等底层的技术细节的条件下，有效地进行手势的个性化设计和开发，平台还提供了可扩展的体系结构，它能够方便地与其他第三方交互系统有效集成。

5.8 本章总结

　　虽然手势启发式设计近年来逐渐成为设计师在设计开发各种智能产品交互系统时广泛使用的一种方法，但这种设计方法却存在遗留偏见问题和手势分歧问题。当面临此类问题的时候，普通设计师经常会感到困惑和无助。因此，对传统的启发式设计方法进行更新和改进是十分必要的。

　　与传统的启发式设计方法相比，我们所提出的方法的主要创新点在于采用了一个三阶段的用户参与式设计方法，从而推导出更为可靠的手势设计方案。使用此方法，我们生成了一组用户自定义的手势，用于完成智能汽车车载信息系统中的一组核心次要任务。实验结果表明，该方法能很好地发掘更多潜在的优质手势，从而缓解手势设计中的手势分歧和遗留偏见等问题。

　　我们希望这个项目实践案例能够为相关领域的设计师提供有价值的参考，帮助他们在启发式设计实践过程中进行合理的设计决策，以更好地优化设计方案。

　　与传统的启发式设计实践类似，本项目旨在理解终端用户在参与式设计过程中的心智模型，以及用户针对车载信息系统次要任务所设计的自然手势的基本原理，因此，我们并没有对整个手势集的识别率和交互效率进行实地验证和可用性评估。下一步工作将开展可用性评估实验来对用户自定义手势集的性能进行比较测试。

06 面向 Web 信息导航的用户参与式设计

近年来，手势启发式设计方法已被广泛应用于很多智能产品的设计开发流程中，并取得了很大的成功。然而，目前大多数的启发式设计实践都采用最大频率比的方法，为相应的目标任务选择从终端用户得到的最佳手势，这可能会导致最终的手势设计方案陷入局部最优值，即在手势启发式设计实践中获得的手势并不是目标系统最优的手势。

在本章中，我们提出了一种新的设计方法：在手势启发式设计中求同存异。为了验证这种方法的有效性，我们面向 Web 信息导航领域进行了用户自定义鼠标手势集的四阶段设计实践，该设计实践为本章所提出的设计方法提供了新的理论发现和经验证据，包括：

（1）手势分歧是手势启发式设计实践中存在的一个严重问题，在不给被试任何限制的情况下，对于相同的目标任务，被试设计出相同鼠标手势的概率低于 26%。

（2）在启发式设计之前，为被试提供一组候选手势可以大大提高设计结果的一致性。

（3）得益于事后诸葛亮效应，一些在启发式设计实践中被试所设计出的独特但很容易学习的手势也有机会成为最佳手势。

最后，我们讨论了如何将这些经验发现应用和泛化到其他基于手势的交互设计中。

6.1 设计动机

随着计算能力的稳步增长和人机交互（Human-Computer Interaction，HCI）的快速发展，计算机已经不限于传统的 WIMP（Window、Icon、Menu、Pointing device）桌面模式，输入设备也不仅仅包括传统的鼠标和键盘。例如，越来越多的系统开始提供一种新的输入方法，让终端用户使用自己设计的手势来完成与虚拟对象、移动电话、大型显示器以及智能家居系统等的交互任务。

虽然近年来自然手势已经得到了广泛的探索和应用，但在手势的自然性方面仍然存在一些挑战。例如，由于手势识别技术不成熟，大多数现有系统只提供了有限数量的手势，而且很多系统的手势通常是由系统专家预先定义好的，手势与相应的目标任务之间是任意关联的。终端用户往往很少有机会参与手势设计和开发过程。因此，这种系统可能无法识别用户在现实情境中所做到一些非常自然但又不包含在系统内置集合中的手势动作。这些问题大大损害了用户体验并阻碍了基于手势的交互在现实中的广泛应用。

基于自然手势的输入技术需要准确地理解终端用户的意图和偏好。目前，启发式设计实践作为起源于用户参与式设计领域的一种新的实践方法，已经被应用于各种新兴的交互系统设计中，例如，通过让终端用户参与到手势设计过程中来收集他们对目标系统交互任务的需求和真实意图。然而，传统的启发式设计实践往往存在词汇分歧问题，即终端用户的手势设计方案往往会受到他们自己的个人偏好或先前经常使用而比较熟悉的其他产品用户界面经验的影响，比如 WIMP 用户界面或者触摸式用户界面。因此，让终端用户仅凭直觉就直接简单地为给定目标任务设计相同的手势是不现实的。这种手势分歧问题会引发系统可用性差和用户接受度低等风险。

为了提高基于手势交互的用户界面设计的可用性，我们提出了一种新的交互设计方法，即在手势启发式设计实践中进行求同存异。在现有的手势启发式设计实践过程中，设计师按照数量多少简单地筛选出用户最喜欢的手势/最佳手势直接映射给目标任务。与此不同的是，我们的方法在设计手势时不仅考虑最佳手势，还考虑其他有潜力的手势。我们认为，这种方法可以使整个设计体系不受困于局部最小值问题，即降低了为目标任务所设计的手势不是最合适的手势的风险。为了验证所提出的方法，我们进行了一系列的实证研究，设计开发了一套用户自定义的 Web 信息导航鼠标手势，结果可以为基于手势交互的用户界面的设计提供理论和实践指导。

6.2　设计调研

本章内容主要涉及在 Web 网络浏览器中应用鼠标手势交互以及自然人机交互系统中应用基于手势交互的启发式设计实践。因此，我们主要聚焦于这两个领域的调研工作。

6.2.1 基于鼠标手势的交互应用

很多设计专家都进行了各种关于鼠标手势交互效率的实证研究。Dulberg 等通过比较鼠标手势、鼠标点击和快捷键三种不同交互技术的任务完成时间，发现鼠标手势和快捷键都比鼠标点击更快，但鼠标手势与快捷键相比不需要复位操作，即在切换命令的时候不需要在鼠标和键盘之间频繁地移动手。另一项由 Moyle 等对真实的 Web 信息导航环境下的鼠标手势的研究结果表明，鼠标手势在进行诸如页面"前进""后退"等动作时的交互效率明显快于传统 Web 信息导航控件，用户的主观评价也对鼠标手势持非常肯定的态度。

其他一些相关的设计实践则探讨了鼠标手势的易用性。Paschke 通过对鼠标手势的易学性、可控性、容错性和自描述性等方面的综合比较研究发现，大多数被试喜欢基于鼠标手势的导航操作，尤其当系统允许用户根据自己的个人喜好和习惯进行个性化设置时更是如此。为了最大限度地提高鼠标手势的效率，Seo 进行了认知反应测试，评估了鼠标手势与对应的系统功能之间的匹配度，并根据实验结果指出鼠标手势的设计应当与用户的心智模型保持一致，以减少交互中的认知负荷。

除上述学术界对鼠标手势的研究外，鼠标手势近年来也被广泛应用于商业浏览器中，如 Opera、Mozilla Firefox、Google Chrome、360 和 QQ 等。然而，这些浏览器中的鼠标手势差别很大，即便是针对同一目标任务，在不同的浏览器中也分别由不同的手势来控制完成。这种手势不一致的现象，更进一步说明了对相关用户行为深入了解的必要性，以及鼠标手势行业通用设计规范的重要性。

6.2.2 产生单一方案的用户参与式设计

为了更好地理解什么类型的手势最受终端用户的欢迎，一些设计专家采用了启发式设计的方法来探索终端用户的常规行为和个性化偏好规律。例如，Nielsen 等提出了一种标准化设计流程，用来设计和评估面向普适计算领域中设计导出的用户自定义手势。Wobbrock 等引入了一致性公式，计算终端用户设计产生手势的最大频率比，用于度量终端用户针对同一任务的手势共识程度。然后根据一致率公式，选择用户基数最大的手势（最佳手势）分配给相应的目标任务。这种方法已经被人机交互实践者们广泛应用于表面计算、移动交互、虚拟/增强现实、全景视频和智能电视控制等不同领域。

不少研究提供的经验证据表明，使用手势启发式设计是有益的设计实践。例如，Morris 等通过比较用户自定义手势和专家设计的手势，发现用户自定义手势比那些完全由系统开发者定义的专家手势更容易被普通受众所接受。同样，Nacenta 等的研究结果也进一步表明，与系统开发者预先设计的手势相比，用户自定义手势更容易记忆和学习，使用起来也更有趣。

尽管手势启发式设计实践已经在各种新兴领域得到了广泛的应用，但仍然存在一些问题和局限。例如，目前绝大多数设计实践都采用了华盛顿大学 Wobbrock 等所提出的一致率公式来计算并挑选最佳手势，该方法邀请一组随机抽样的终端用户针对目标任务自由设计手势动作，然后汇集所有手势设计方案并从中筛选挑出一组最佳手势，即频率比最高的手势（用户基数最大），最后生成唯一的一套最佳手势集。这种方法的局限在于：在手势设计的早期阶段，可能会因为较低的一致性得分而过早地剔除一些潜在的受欢迎手势。另一个局限是，传统的启发式设计实践经常受遗留偏见问题的影响。例如，在我们之前的一个面向智能电视设计的自然手势集项目案例中，24 名被试中有一半人对"切换到下一个频道"的任务倾向于使用"向右滑动"手势，而另一半人对同一任务倾向于使用"向左滑动"手势。经过事后访谈后我们发现，提出"向右滑动"手势的被试是受传统遥控器物理按键（左右箭头按键）的启发，而提出"向左滑动"手势的被试则是受多点触摸识别屏幕（手机屏幕左右滑动手势）的影响。

最近，有一些研究者应用了微软研究院 Morris 等提出的启动和生产两种技术以消除手势启发式设计中存在的遗留偏见问题。在这种方法中，被试需要为指定的目标任务设计至少三个手势。然而，这种方法在实际应用中的效果却十分有限。因为被试发现很难一次性地为每个任务都设计这么多手势，特别是当他们不熟悉手势设计的目标领域时，这个要求更难完成。例如，在 Chan 等人的研究中，一些被试表示他们心中已经想好了一个很好的手势选择，所以当实验人员强制要求他们一次性为一个目标设计三个以上的手势时，这种要求和实验条件限制便成为被试的一种负担，导致设计结果大打折扣。

6.2.3 产生多种方案的用户参与式设计

为了避免在手势设计的早期阶段剔除潜在优质手势的风险，一些专家提出可以为一个系统设计两套或更多的手势集，而不是只设计唯一的一套手势集。例如，经过对 Nielsen 等人的研究进行扩展，Löcken 等设计了两套用于控制音乐播放器的自然手势集，其中一套仅由动态手势组成，另一套仅由静态手势组成。通过使用 Wobbrock 等的一致率公式，我们在前期为智能家居中的电视机设计手势控制任务的项目中也设计了两套用户自定义手势。与 Wobbrock 等和 Löcken 等的研究相比，我们的方案是为每一个给定的目标任务都保留前两个最受欢迎手势，例如，为"切换到下一个频道"这一目标任务保留"向左滑动"和"向右滑动"两个手势。至于在实际操作中选择哪一个手势则取决于终端用户的个人喜好。除此之外，我们还为非专业用户提供了一个个性化手势定制工具包，以根据他们的喜好灵活地定制新的手势并能与目标任务之间灵活地建立个性化映射关系。

与传统的启发式设计方法只要求被试设计唯一一套手势集的实践相比，上述方法的优势在于在设计过程的早期阶段就保留了多套备选手势。这些方法将有可能产生更容易被广大用户发现和记忆的手势集，从而提高系统性能和用户满意度。

然而，上面所讲的这些方法也只是通过最大频率比的方法选择两套最佳手势集。因此，在交互实践过程中也无法完全避免手势分歧问题，仍然存在过早地剔除一些独特（一致性分数低）但潜在的优质手势的风险。总的来说，目前在启发式设计中仍然缺乏统一有效的设计标准和规范，以帮助设计人员根据计算得到的一致性分数来准确地判断如何选择以及选择多少个手势与相应的目标任务匹配。

综上所述，为了设计出更自然、更友好的手势交互系统，需要考虑手势分歧问题，并探索如何让终端用户更有效地参与到设计中来。本章的主要目的是为这个设计问题提供经验证据，并进一步为手势交互在未来智能产品中的广泛应用奠定坚实的理论基础。

6.3　需求分析

传统基于 WIMP 的交互技术依赖于移动鼠标和点击按钮。然而，根据费茨定律，这些技术通常受到与目标距离的远近和目标大小的影响。与它们相比，鼠标手势是基于传统图形用户界面交互技术的一种有效的替代方法。鼠标手势可以通过按着鼠标按钮的同时在屏幕上勾画一个轨迹符号来完成，例如画一个对钩。

由于在人们日常生活交流过程中手势是自然而直观进行的，因此，鼠标手势作为一种交互技术，可以提供更自然的方式来简化用户与 Web 网页浏览器的交互。近年来很多专家学者在这方面展开了研究，同时越来越多的商用网络浏览器也开始逐渐支持基于鼠标手势的交互。鼠标手势的优点包括：

（1）最小化费茨定律对传统交互方式中鼠标移动到目标所需时间的约束。对于鼠标手势来说，最小只需要移动一个像素的距离就可以完成常规鼠标需要通过远距离的移动和点击按钮才能完成的交互任务，因此鼠标手势会带来更高的操作效率。

（2）满足不同用户的个性化定制需求，即终端用户可以根据自己的个人偏好生成个性化的鼠标手势。

基于以上分析，本章介绍了一种新的用户参与式设计方法实践，并将之应用在基于鼠标手势交互的 Web 网页浏览应用中。

为了设计一个用户友好的交互系统，应该首先从终端用户收集数据，了解他们对目标系统的真实需求和期望，并确定基于鼠标手势的 Web 网页浏览器中最需要的核心任务。为了确定最需要的核心任务集，我们从 Google Chrome、Mozilla Firefox、360 浏览器和 QQ 浏览器这四款流行的支持鼠标手势交互的 Web 网页浏览器中收集了一套典型的交互任务。此外，我们还调研了现有的基于鼠标手势的交互实践和案例。通过收集整合四款商业的 Web 网页浏览器所提供的鼠标手势交互任务及我们所收集的前人的相关研究成果，得到了一组由 21 个任务组成的典型的 Web 浏览导航任务。接下来，我们招募了 50 名被试（28 名女性和 22 名男性）进行半结构化访谈。被试来自不同的专业背景，但他们都是 Web 网页浏览器的资深用户。其中 18 人在参加访谈之前就有鼠标手势的交互经验。在访谈过程中，我们基于所收集的 21 个浏览器导航任务，向被试提出以下问题：

（1）与 Web 网页浏览器交互时最需要的核心任务是什么？

（2）哪些任务适合使用鼠标手势来完成？

（3）在 Web 网页浏览中使用鼠标手势的优缺点是什么？

（4）一个基于鼠标手势交互的 Web 网页浏览器应该提供的鼠标手势的最大数量是多少？

根据收集到的访谈结果，我们确定了基于鼠标手势的 Web 网页浏览器最需要的 8 个核心任务。表 6.1 列出了这 8 个最重要的核心任务，表格的左边两列用一个序号和一个任务名称来标识每个任务；右边两列表示每个任务在被试中的受欢迎程度。之所以选择这 8 个核心任务，是因为至少有 50%以上的被试选择了它们。

表 6.1 8 个核心任务

序　号	任 务 名 称	次　　数	比　　例
1	向后翻页	47	94.0%
2	向前翻页	47	94.0%
3	刷新	44	88.0%
4	打开新标签页	41	82.0%
5	关闭当前标签页	41	82.0%
6	切换到之前的标签页	38	76.0%
7	切换到下一个标签页	38	76.0%
8	最小化窗口	30	60.0%

在本节中，我们从终端用户那里收集了他们对目标系统的实际需求，并确定了基于鼠标手势交互的 Web 网页浏览器中应具有的最重要的核心任务。这个阶段的结果为我们后续的设计实践奠定了基础。

6.4　用户参与式设计

我们设计了一个四阶段的实验。第一个阶段的实验（实验 1）是邀请一定数量的被试，在不加任何限制的情况下，让他们为之前所确定的 8 个核心目标任务设计鼠标手势。其结果被用作第二个阶段（实验 2）和第三个阶段的实验（实验 3）中最佳手势的候选项，目的是探索当为被试提供一定数量的手势候选时，传统手势启发式设计实践所推崇的最佳手势是否会趋于一致。最后一个阶段的实验（实验 4）将基于前三个阶段的实验所设计的鼠标手势集与 4 个商业浏览器所提供的鼠标手势集进行比较和可用性评估。

6.4.1　第一阶段设计

在这一阶段的实验中，首先收集被试对于前一阶段头脑风暴所导出的 8 个最核心的目标任务的进一步需求和期望，以验证上一阶段的头脑风暴设计结果是否是符合大众需求的。接下来，基于鼠标手势导航系统需要支持的 8 个最核心的目标任务，邀请被试为这些任务设计最合适的鼠标手势。我们的目的是想进一步理解针对不同的 Web 导航任务，什么才是最合适、最自然并且最受用户喜爱的鼠标手势，进一步的结果和研究发现能够补充和扩展现有的交互设计理论框架。

1．被试

我们招募了 30 名在校大学生（14 名男生，16 名女生）作为此次实验的研究对象。他们来自不同的专业背景，年龄在 18～33 岁之间（$M = 24.7$，$SD = 2.95$）。所有被试都熟悉 Web 网页浏览，但是在本研究之前，他们都没有任何基于鼠标手势交互的经验。我们选择这些被试有两个原因：

（1）他们代表了典型的 Web 网页浏览器用户，他们可能会要求更高效的浏览器交互方式。

（2）他们通常对手势交互等新技术持开放态度，并愿意学习和使用。

2．实验设备

我们在一个可用性实验室内进行了本次实验。为了防止现有的 Web 网页浏览器中典型的基于 WIMP 范式的用户界面元素对被试产生心理暗示，在实验中使用了 PowerPoint 幻灯片而不是真正的 Web 网页浏览器。应用场景和目标任务通过 Apple iMac 屏幕展示的幻灯片，以文字、图片和 GIF 动画的形式呈现给被试。iMac 的 CPU

为 3.4GH，内存为 8GB，硬盘为 1TB。我们使用了录屏软件来记录被试的鼠标移动轨迹，并使用录音笔来记录被试在实验过程中所说的话。

3．实验流程

实验开始前，实验人员首先告诉被试实验目的、流程、任务需求和其他实验条件，然后被试签署了知情同意书。在实验过程中，被试需要想象使用一个内置有鼠标手势识别引擎的 Web 网页浏览器来执行 8 个核心导航任务。

实验人员给被试提前准备了幻灯片，当被试从幻灯片上看到给定任务的初始状态和最终状态之间以及其中的过渡效果的 GIF 动画后，被试需要设计出一个自己最喜欢的鼠标手势来实现所看到的幻灯片上的预期功能效果。

为了更好地理解被试的设计原理，我们采用了"出声思维（Think-Aloud）"技术，被试需要在设计出一个鼠标手势的同时口头解释为什么设计这个手势。为了启发被试最自然的手势动作和交互模式，实验人员没有给被试任何提示。

在完成所有 8 个目标任务后，被试需要在一个调查问卷上填写他们的个人统计信息（例如年龄、性别和教育背景），并且需要在一个 5 级李克特量表上评估每个鼠标手势与其对应的目标任务之间匹配度（1—非常糟糕，5—非常好）。实验持续了1～2h。

4．实验结果

在本节中，首先简要说明我们如何对鼠标手势数据进行分类和分组，然后展示被试所设计的鼠标手势的一致性分数。

1）数据处理

基于 30 名被试和 8 个核心目标任务，一共收集了 240 个鼠标手势（30×8）。通过分析手势集的特征，我们发现一些相似的手势是可以合并的，例如，"✖"和"✖"实际上可以合并成一组相同的手势。

我们邀请了在用户界面设计和手势交互方面有多年从业经验的五位专家对每个目标任务的鼠标手势候选进行分组和合并，分组合并原则如下：

（1）将那些具有完全相同形状和/或相同轨迹的手势直接合并为一个手势。

（2）对于形状和/或轨迹相似的但又不完全相同的手势，五位专家通过重放在被试设计过程中录制好的相应的视频文件，并根据被试的口头解释，讨论是否以及如何对这些鼠标手势进行分组合并。

最后得到了 8 个目标任务所对应得 50 个候选手势，如表 6.2 所示。

表 6.2　8 个目标任务所对应的 50 个鼠标手势（点代表手势的起点）

任　务	手　势	人　数	任　务	手　势	人　数
向后翻页	●—	18	关闭当前标签页	N	3
	—●	6		∟(Z形)	2
	→●	5		⌐	2
	↑	1		⌐	2
向前翻页	—●	18		⊔	1
	●—	6		⌣	1
	←●	5	切换到之前的标签页	⌐	8
	↓	1		⌒	6
刷新	○	12		╲	6
	○	9		←●	5
	△	5		⌐	5
	◎	2	切换到下一个标签页	└	8
	N	2		⌒	6
打开新标签页	＋	9		╱	6
	∧	5		→●	5
	⌐	4		⌐	5
	N	3	最小化窗口			6
	╱	3		╱	4
	∨	2		╱	4
	□	2		‖	4
	⌒	1		●—	3
			1		╪	3
	✕	12		⌐	3
	╲	4		⊔	2
			3		⊤	1

2）一致性分数

根据所收集的用户自定义鼠标手势，我们使用了华盛顿大学 Wobbrock 所提出的一致性公式来计算每个任务的共识度。图 6.1 显示了所有 8 个任务的一致性分数，

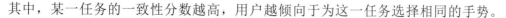

其中，某一任务的一致性分数越高，用户越倾向于为这一任务选择相同的手势。

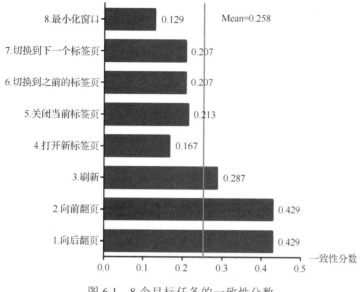

图 6.1　8 个目标任务的一致性分数

5. 小结

在这个实验中，我们首先进一步验证了之前头脑风暴环节得到的最需要的 8 个目标核心任务，然后为这些任务设计推导出一套用户自定义手势集。

实验结果表明，我们得出的一致性分数相比于以往的手势启发式设计案例所报告的一致性分数更低，也就是说被试在手势的选择上具有更高的分歧性。我们得到的平均手势一致性分数为 0.258，低于 Ruiz 等报告的面向移动计算的平均一致性分数 0.26，Wobbrock 等报告的面向表面计算的平均一致性分数 0.32，Vatavu 报告的面向数字电视的平均一致性分数 0.42。在我们的案例中，最低的一致性分数（0.129）产生于任务 8 最小化窗口，30 名被试针对该任务提出了 9 种不同的手势，这说明了被试在交互设计过程中存在严重的手势分歧问题。

由于目标任务的一致性分数较低，且每个任务的候选手势种类繁多，我们无法选定一套能够得到大多数被试都认可的用户自定义鼠标手势集。因此，我们保留了所有可能的鼠标手势候选，以便在接下来的设计流程中进一步完善和验证。我们希望为用户提供一套候选鼠标手势，以减少手势分歧的问题，并借助事后诸葛亮效应来提高一致性分数，也就是说，我们寄希望于当被试看到其他同伴所设计创造的一些独特但更有吸引力的鼠标手势后，可能会改变主意，使得手势选择趋于一致，从而使得整体上达到更高的共识度。

这个实验的结果揭示了终端用户在与 Web 网页浏览器交互时最喜欢使用的自然手势，这些信息为之后的设计过程奠定了基础。

6.4.2 第二阶段设计

尽管到目前为止我们已经了解了基于鼠标手势操作 Web 网页浏览器时最需要的目标核心任务，以及这些任务中用户普遍喜欢的手势，但由于在实验中采用的启发式设计实践过程是完全自由开放的，所以还不清楚这些鼠标手势在实际应用中是否有很好的效果。因此，我们进行了后续的实验来验证用户自定义的鼠标手势集的受欢迎程度。具体来说，我们想要更进一步了解给被试提供多个候选手势集是否有助于提高终端用户手势选择的一致性。

1. 实验被试和设备

为了保持一致性，我们重新招募了参加之前实验的 30 名被试，并在与前一个实验相同的测试环境中进行本次实验。不同的地方在于，被试在这个实验中不需要重新设计手势，而是需要为每个任务选择一个最佳鼠标手势并且口头解释选择的原因。

2. 实验流程

实验前，实验人员简单向所有被试介绍了实验背景、场景和任务要求。接下来在被试签署了知情同意书之后，实验人员向被试展示了之前所确定的 8 个核心目标任务。

对于每个任务，实验人员都会给被试提供一组鼠标手势候选，这些手势是实验 1 的被试为该任务所设计的所有手势整合而成。一个目标任务的演示效果和相应的鼠标手势候选会以动画或者 GIF 图像的形式展示在幻灯片上，除此之外实验人员还提供了文本说明，以解释每个任务和相应的鼠标手势。在被试看完一个任务的效果和这个任务的所有鼠标手势候选后，他们需要根据鼠标手势与任务的匹配程度以及手势是否容易执行来选择该任务的最佳手势。我们采用了"出声思维（Think-Aloud）"的方法来记录被试为什么为该任务选择某一特定的鼠标手势，整个实验过程持续了约 60～80min。

3. 实验结果

本节我们将对比实验 1 结果，展示 8 个目标任务一致性分数的变化、相同手势组的数量变化和最佳手势变化的情况。

1）一致性分数变化

我们观察到所有 8 个任务的一致性分数都有了不同程度的提高。如图 6.2 所示，整体来说，本次实验的平均一致性分数从实验 1 的 0.258 提高到了 0.386，提高了 49.6%。

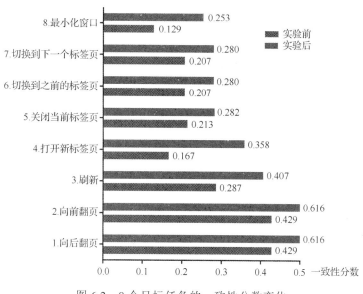

图 6.2　8 个目标任务的一致性分数变化

2）相同手势组数的更改

我们还观察到被试在此实验中选择的相同手势组的数量明显减少。实验 1 中，被试总共设计产生了 50 组手势，但是本实验中被试选择产生了 36 组手势，下降了 28%。

3）最佳手势的改变

我们还发现某些任务的最佳手势发生了变化。尽管任务 1、2、3、5 和 8 的最佳手势保持不变，但任务 4、6 和 7 的最佳手势却发生了变化，如图 6.3 所示。

对于任务 4，在实验 1 中最佳手势 "✛" 被 30% 的被试选择；然而在实验 2 中，出现了一个新的最佳手势 "∧"，得到了 46.7% 的被试青睐。一些被试表示，尽管在实验 1 中从未想到过手势 "∧"，但它更具标识性并且更容易被记住。

对于任务 6，最佳手势由实验 1 的 "┓"（26.7%）变化为实验 2 的 "⌐"（40%）。类似地，任务 7 的最佳手势由实验 1 的 "┌"（26.7%）被实验 2 的 "⌐"（40%）替换。

智媒体手势交互创新实践

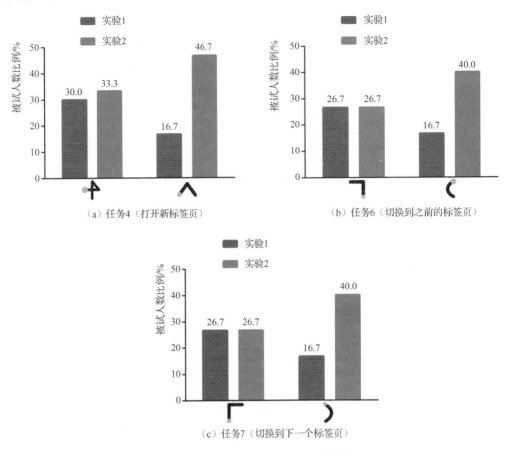

图 6.3 任务 4、6、7 的最佳手势变化

4．小结

在本实验中，我们发现了一些有趣的结果：

（1）与实验 1 中对被试完全不加任何限制条件相比，本实验中我们给每个被试都事先呈现一组鼠标手势候选，事实证明终端用户的手势设计方案会更加一致，手势组数量的减少以及一致性分数的提高可以充分证明这一点。究其原因可能是终端用户只需要从很多个手势候选方案中选择一个好的手势，而不是凭空设计创造一个好的手势，这会大大减轻被试的认知负荷，而使任务更容易完成。这一发现与 Nielsen和 Budiu 所提出的交互设计原则"识别优于记忆（Recognition rather than recall）"相吻合。

（2）华盛顿大学 Wobbrock 等人所提出的手势启发式设计方法主要使用了最大频率比的方法来选择最佳手势，但很多设计实践证明该方法未必能确保选择出来的

"最佳手势"与目标任务匹配并受到终端用户的欢迎。例如在本案例中，我们发现当给用户一定的手势候选时，有三个目标任务（37.5%）所对应的最佳手势都发生了变化。

（3）传统手势启发式设计方法可能会在手势设计的早期阶段就剔除某些一致性分数比较低的手势，但事实证明这些手势是非常有潜力的，很容易被用户识别并且能很快被学习掌握，从而成为新的最佳手势。例如，在实验 1 的任务 4 中，手势"∧"仅由 5 名被试设计提出，因此一致性分数比较低，该手势没有成为最佳手势；但在实验 2 中，该手势却被 14 名被试挑选出来并成为了最佳手势，因为它易于学习和使用并且用户更喜欢它。

6.4.3　第三阶段设计

为了进一步研究探索用户在被提供了一组候选手势后是如何选择最佳手势的，我们开展了第三个实验。与实验 2 不同，该实验重新招募了完全没有鼠标手势操作经验的被试。

1．实验被试与设备

本实验共招募了 30 名被试（$M = 27.1$，$SD = 3.42$），其中有 16 名男性和 14 名女性。这些被试都没有任何使用基于鼠标手势的交互技术的经验，并且都没有参加过前两轮实验。与实验 2 相似，我们要求被试为每个任务选择最佳手势并且口头给出合理的解释。本实验环境与实验 1 和实验 2 中使用的环境相同。

2．实验流程

为了保持一致性，本实验的流程和设备与实验 2 相同。实验人员在幻灯片上展示 8 个既定的目标任务及每个任务所对应的鼠标手势候选之后，要求被试为每个目标任务选择一个最佳手势。被试需要使用"出声思维（Think-Aloud）"方法来口头解释为什么选择特定的鼠标手势来完成既定的目标任务，每个被试大约需要 60～80min 完成实验。

3．实验结果

在本实验中，我们发现被试为任务 1、2、3、5 和 8 选择的最佳手势与实验 1 和 2 中的结果相同，如图 6.4 所示。

如图 6.4 所示，实验 1 中的 18 个被试、实验 2 中的 23 名被试和实验 3 中的 25 名被试均选择"——"作为任务 1 向前翻页的最佳手势。因此，总共有 66 名被试（73.3%）选择了"●—"作为任务 1 的最佳手势。类似地，对于任务 2、3、5 和 8，频率比分别为73.3%、55.6%、46.7%和31.1%。

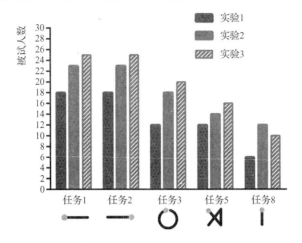

图6.4　任务1、2、3、5、8的最佳手势

有趣的是，对于任务4、6和7，被试选择了与实验1和2的结果完全不同的最佳手势，如图6.5所示。

在实验1中，"╀""╗"和"╔"分别被选为了任务4、6和7的最佳手势。在实验2中，"∧"被选为了任务4的最佳手势，"("被选为了任务6的最佳手势，")"被选为了任务7的最佳手势。与实验2相比，实验3中任务4、6和7的最佳手势被替换为"⌐┘"，"⌒"和"∧"。

4．小结

在本实验中，我们重新招募了30名被试。结果表明，任务1、2、3、5和8的最佳手势与实验1和2中的结果相同。但是，与实验1和2相比，任务4、6和7的最佳手势在本次实验中再次发生了变化。一方面，实验2和3中的被试很少或从未选择过实验1中所设计产生的某些最佳手势，而实验2中的被试所选择的某些最佳手势也不再是实验3中被试选择的最佳手势；另一方面，实验1中少数被试设计的一些少量但很优质的手势在实验2或实验3中逆袭成为最佳手势。在这三次实验之后，对于任务4、6和7，我们仍然无法确定多数被试可以达成一致标准的鼠标手势集。因此，对于任务4、6和7，我们决定分别保留三个最佳手势{╀∪∧∪┘}，{╗∪(∪⌒}，和{╔∪)∪∧}，以待下一阶段实验进一步研究论证。

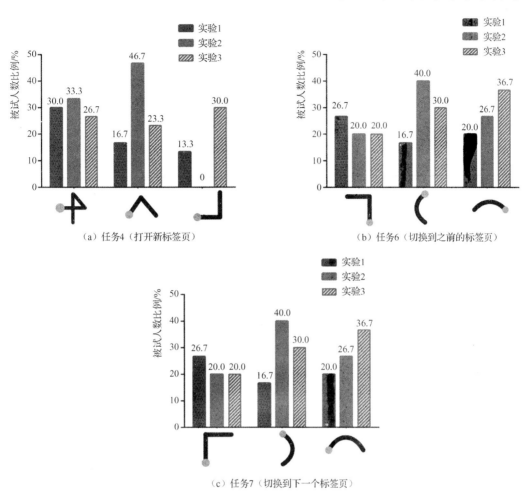

（a）任务4（打开新标签页）

（b）任务6（切换到之前的标签页）

（c）任务7（切换到下一个标签页）

图 6.5　三个实验中最佳手势的变化情况

6.5　可用性评估

本节我们将前面所设计产出的鼠标手势集和主流的商业浏览器中的手势集进行比较，分别评估和验证各自的可用性和用户偏好。如前所述，Google Chrome、Mozilla Firefox、360 和 QQ 是四款流行的 Web 网页浏览器。360 和 QQ 浏览器均提供了内置的鼠标手势集。但是，默认情况下 Chrome 和 Firefox 这两个浏览器没有自动内置的鼠标手势集。因此，我们分别为 Google Chrome 和 Mozilla Firefox 安装了应用市场上下载次数最多的插件"Gestures for Chrome"和"Gesturefy"，再加上我们设计产出的手势集，一共有 5 组手势集参与评估，如表 6.3 所示。

对于任务 1 和任务 2，5 组鼠标手势集具有相同的鼠标手势"●——"和"——●"。但是，Gestures for Chrome、Gesturefy、360 和 QQ 没有为任务 8 最小化窗口提供鼠标手势。因此，在本次实验研究中，仅比较任务 3、4、5、6 和 7 的鼠标手势集。对于每个任务，通过合并整合四个商业浏览器和我们设计产出的用户定义手势集中重复的鼠标手势，生成了一套新的鼠标手势集（见表 6.3 的最后一列）。

表 6.3　四大浏览器的鼠标手势集和我们设计的用户自定义手势集（点表示鼠标手势的起始位置）

	Gestures for Chrome	Gesturefy	360	QQ	用户自定义手势集	本次实验所用的手势集
向后翻页						—
向前翻页						
刷新						
打开新标签页						
关闭当前标签页						
切换到之前的标签页						
切换到下一个标签页						
最小化窗口	N/A	N/A	N/A	N/A		—

1．实验被试和设备

我们招募了 24 位被试（13 位女性，11 位男性）参与此项实验研究。他们的年龄在 18～31 岁之间（$M = 24$，$SD = 0.72$）。这些被试都没有任何使用基于鼠标手势交互技术的经历，他们也都没有参加过之前的任何一次实验。与实验 2 和 3 相似，被试需要为每个任务选择一个最佳手势并且口头给出具体的解释。我们在与前三个实验相同的可用性实验室中进行了本次实验。

2．实验流程

在实验过程中，预先通过 PowerPoint 幻灯片为每个任务准备了手势动画或者 Gif 动图，之后将这些表现形式的手势候选展示给被试。在看了目标任务的所有候选鼠标手势之后，被试需要基于手势与任务的匹配程度（1-完全不匹配，5-完全匹配）以及易用性（1-非常难使用，5-非常易于使用），使用 5 分的李克特量表对手势进行评分。我们使用了"出声思维（Think-Aloud）"的方法让被试大声说出打分理由，通过这种方式来收集被试对每一个手势打分的具体原因，实验的持续时间介于 80～120min。

3．实验结果

本节我们对手势的匹配度和易用性等相关数据进行统计分析。分析过程采用了一种非参数检验方法，即 Friedman 检验。

在手势与其目标任务之间的匹配度方面，5 个任务各自对应的不同备选手势之间均存在显著差异。任务 3 $\chi^2(5)=56.005$，$p=0.000$；任务 4 $\chi^2(5)=62.695$，$p=0.000$；任务 5 $\chi^2(3)=50.623$，$p=0.000$；任务 6 $\chi^2(3)=11.925$，$p=0.008$；任务 7 $\chi^2(3)=9.152$，$p=0.027$。对于每个任务，都存在一个手势的分数排名显著高于其他手势，具体表现：任务 3 为"○"，任务 4 为"＋"，任务 5 为"Ⅺ"，任务 6 为"("，任务 7 为")"。

在易用性方面，分析结果表明，除任务 5 外，被试在所有任务中都明显更偏好用户自定义手势：任务 3 $\chi^2(5)=58.935$，$p=0.000$；任务 4 $\chi^2(5)=47.822$，$p=0.000$；任务 5 $\chi^2(3)=7.783$，$p=0.051$；任务 6 $\chi^2(3)=24.222$，$p=0.000$；任务 7 $\chi^2(3)=31.089$，$p=0.000$。Friedman 检验结果表明，任务 3、4、6、7 的 p 值均小于 0.001，而任务 5 的 p 值为.051。被试认为最容易执行的手势分别是任务 3 的"○"，任务 4 的"∧"，任务 6 的"⌒"和任务 7 的"⌒"。

最后，对于任务 3、4 和 5，被试在最佳手势选择上的总体意见相对一致。13 名被试（54.2%）为任务 3 选择了"○"，16 名被试（66.7%）为任务 4 选择了"＋"，22 名被试（91.7%）为任务 5 选择了"Ⅺ"，这些结果都与实验 2 的结果一致。在任务 6 中，"("和"⌒"都获得了 9 票（37.5%）。同样，")"和"⌒"也分别有 9 名被试喜欢。

4．小结

在本次实验中，通过整合用户自定义的鼠标手势集和其他 4 套由流行的商业网络浏览器所提供的鼠标手势集，得到了一套实验所用的手势测试集。然后，我们要求 24 名从未参与过前 3 次实验的被试从测试集中为每个目标任务选择一个最优鼠标手势，选择标准包括手势与任务的匹配程度和手势的易使用性两方面。实验结果验证了我们设计产出的用户自定义手势集的有效性。在手势与对应目标任务之间的匹配度方面，本次实验得出的所有最受欢迎的鼠标手势都是前 3 次实验中由被试自己设计的手势，包括任务 3 的 "〇"、任务 4 的 "╪"、任务 5 的 "⋈"、任务 6 的 "《"
和任务 7 的 "〕"。其中没有一个是由四大主流的商业浏览器提供的。类似地，在 5
个任务中得到的 4 个被评价为最易用的手势也是在我们的研究中由被试自己设计
的，包括任务 3 的 "〇"、任务 4 的 "∧"、任务 6 的 "⌒" 和任务 7 的 "⌒"，
其中也是没有一个是由四大主流的商业浏览器提供的。

　　此外，这个实验的结果还进一步证实了手势分歧是手势设计中非常常见的问
题。总体来讲，在 4 个实验中，不管我们招募了多少被试，也不管是否在不同的实
验中招募新的被试，这个问题都一如既往地存在。在历经 4 次交互设计实践迭代之
后，我们仍然无法为目标任务确定唯一的一套标准手势集。这也进一步验证了我们
所提出的交互设计策略：在手势启发式设计实践中进行求同存异。

6.6　设计启发

　　根据 4 个阶段的交互设计实践结果，我们推导出了手势设计的几个准则。

6.6.1　重视手势分歧问题

　　设计师应该注意，词汇分歧是手势设计中的一个严重问题。在我们的案例中，
终端用户在没有任何限制的情况下为目标任务设计出相同的鼠标手势的概率很低，
平均低于 26%；而 8 个目标任务中没有一个一致性分数高于 0.5。在任务 8 的手势
设计中我们得到了最低的一致性分数，被试为其设计了 9 种不同的手势，但最佳手
势仅有一名用户选择。

6.6.2　关注量少而质优的手势

　　在我们的案例中，实验 1、2、3 中任务 4、6、7 的最佳手势各不相同。我们发
现有一些尽管量少但很特别的手势仍然有机会成为最佳手势。例如，"∧" 在实验
1 中仅仅由少数被试设计，但在实验 2 中却被选为最佳手势。在随后的用户访谈中
发现，被试之所以喜欢这个手势是因为它意味着插入新的东西，而且在与 Web 网页
浏览器交互时，使用鼠标能够轻松完成这个手势动作。因此，使用传统的基于最大
频率比的方法为给定的目标任务选择一个最佳手势，并不能保证所得到的手势最适
合于目标任务，也不能保证该手势一定会受大众欢迎。因此，系统设计师在启发式
设计实践中应该注意到那些量少独特但又非常有质量和有潜力的手势。

6.6.3　事后诸葛亮效应

在 Wobbrock 等人所提出的传统的启发式设计实践中，被试需要在没有任何提示的情况下，根据自己的个性化偏好自由设计手势。然而，由于时间和实验条件有限，被试不一定总能为目标任务想出最佳手势，这可能导致传统的启发式设计实践产出局部最小值，无法发现可能更适合于给定目标任务的最佳手势。然而，在看到其他设计者提出的一组候选手势，尤其是一些很容易学习的手势后，被试很可能会改变他们的想法，并使用这些手势。在实践过程中，设计师可以通过提供演示、视频或自己做动作等多种可能的方法和技术手段来帮助被试更全面地思考哪些是可以使用的手势，以及哪些是最好的手势设计方案。

6.6.4　面向 Web 信息导航的手势设计指导

根据 4 次实验的结果，我们为 8 个 Web 网页导航核心任务提出了一套用户自定义手势集。这套手势集有几个特点，表明了被试的心智模型如何影响他们的设计方案以及对 Web 网页导航的鼠标手势的选择：

（1）用户喜欢的鼠标手势通常由简单的单比画（鼠标移动轨迹）组成。因此，准确地识别基于单比画的鼠标手势对未来基于鼠标手势的交互系统的设计开发至关重要。系统设计者可以借鉴一些流行的算法进行单比画手势识别。例如，$1 算法在只使用 1 个学习模板的情况下就可以获得 97% 以上的准确率，在使用 3 个以上学习模板的情况下可以获得 99% 的准确率。

（2）鼠标手势应该与被试的经验和使用习惯保持一致。尽管我们在实践中没有提供传统用户界面的任何提示或界面元素，被试仍会根据他们之前的交互经验来设计鼠标手势。例如，当被问及为什么为任务 3 刷新设计/选择手势"🔄"时，被试说这就像 Web 网页浏览器上的"刷新"图标，非常形象好记。

（3）用户选择的鼠标手势可能包含明确的社会意义。例如，针对同一个任务（任务 4 打开新标签页）在实验 1 中有 9 名被试选择了"✛"，而在实验 2 中有 14 名被试选择了"︿"。通过事后访谈发现，尽管被试选择的手势不同，但其背后的原因是相同的：这两种手势都意味着在现实场景中增加新的东西，因此，它们可以很好地与目标任务相匹配。

（4）被试喜欢的鼠标手势不仅需要简单易操作，而且需要具有很高的可识别性和易记忆性。虽然 4 个商业浏览器提供的大部分手势都很容易执行，但它们都是由不同方向的折线段组成的，很容易引起终端用户的混淆。在实验 4 中，相较于 4 个商业浏览器所提供的鼠标手势，用户自定义的手势因其易用性和更好的匹配度而被用户喜欢和选择。

6.6.5　用户参与式设计中的求同存异设计法则

我们的案例研究为解决手势启发式设计实践中的一些设计难题提供了有价值的参考。传统的手势启发式设计实践往往在早期设计阶段要求终端用户自由设计手势，并在随后的统计分析阶段由设计师直接根据人数/最大频率比进行排序而选出最佳手势。在很多情况下，所选的"最佳手势"不能代表终端用户的真实意图。与之前的设计方法相比，我们的方法更加强调专业设计师和终端用户在实践中进行协同设计。

更具体地说，我们提出了一种新的方法，在这种方法中，设计师扮演着更复杂的角色。例如，他们需要主持头脑风暴会议以确定目标核心任务，需要组织多个连续阶段的手势启发式设计以便确定多个有价值有潜力的手势候选集，需要制定求同存异的设计策略，同时需要照顾到不同利益相关者的需求和权利。

6.7　本章总结

手势分歧是手势设计中的一个严重问题。传统的启发式设计实践通常采用最大频率比的方法来从终端用户所设计产出的手势集中直接选择被试基数最大的最佳手势，并将其直接分配给目标任务。但是这种方法可能会面临陷入局部最小值的风险，而忽略了一些量少独特但有可能流行的手势。我们提出了在手势启发式设计实践中进行求同存异的方法，为了验证这个方法，我们面向 Web 网页导航这一应用领域开发了一套用户自定义鼠标手势集，实验结果验证了我们所提出的方法的有效性。

本章内容对交互设计领域的贡献表现在几个方面：首先是推导出了一个典型的基于鼠标手势的 Web 网页浏览器的核心任务集。然后，在核心任务集的基础上，组织了一项启发式设计实践来调查终端用户对所有可能的鼠标手势的偏好和态度。接下来，在对实验结果进行全面的统计和定量分析后，我们生成了一套鼠标手势集，用于支持终端用户和 Web 网页浏览器之间的自然交互。

同时，我们的研究结果为手势分歧问题的存在提供了新的经验证据，并通过在用户启发式设计实践中提供多个候选手势进一步验证了事后诸葛亮效应在交互设计中的存在意义和价值。我们还提出了一套可以作为基于手势交互系统设计的参考准则。

当然，我们的设计实践也存在一些局限。首先，与以往的启发式设计实践类似，本案例重点在于了解终端用户在鼠标手势设计上的心智模型和设计原理，而不考虑具体的技术实现因素。在未来的工作中，我们计划进一步评估由此得到的用户自定义鼠标手势集的识别准确率和交互效率，并通过对比实验将它与现有的标准鼠标手势集进行比较。其次，四个实验中的被试都是来自同一文化背景。需要关注的是，不同种族和文化背景的用户对同样的命令会设计出完全不同的手势。因此，为了推广和泛化我们的实验结果，需要考虑引入更多不同民族和文化背景的被试。

CHAPTER 07 面向沉浸式 VR 购物的用户参与式设计

在用户的日常购物活动中，线下的实体商店发挥了重要的作用。但是，这种线下购物模式也存在一定的缺陷，例如，用户必须亲身到店里挑选商品并且还要严格遵守实体商店的营业时间和一系列的规章制度。与此相比，线上购物则具有很多的优点，例如，购物流程更加快速有效和自由方便，不受时间和空间的诸多约束。但是目前，传统的在线购物模式也存在很多缺陷，例如，无法像线下实体店那样给商品提供全面的展示，用户在购物的过程中只能通过鼠标点击文字链接或者图片了解商品，而缺少更多的交互体验。

为了解决以上问题，本章我们介绍一个基于自然手势交互的沉浸式虚拟现实购物的项目案例。在这个项目中，用户通过自定义的自然手势完成沉浸式虚拟现实购物系统中的商品挑选、浏览和编辑等一系列操作，能够有效融合线上和线下购物两种购物模式的优势，取得更好的用户体验。并且，我们对于传统的用户参与式设计方法进行了创新改进，提出了一套新的沉浸式 VR 购物环境下的自然手势分类方法，并设计实现了一套具有较高可用性的用户自定义手势集。

为了验证我们所提出的交互设计方法的有效性，我们开发了一个原型系统并基于手势识别性能、出错率、用户偏好和用户疲劳度等几个可用性维度对手势集进行了评估。结果表明，与常规的成熟商业交互技术（例如，虚拟手柄和虚拟射线等）相比，使用我们所提出的方法设计的自然手势集能够更加有效地帮助用户完成一系列购物任务，在任务负载、用户体验和沉浸感等方面都优于其他两种成熟的商业技术。我们希望本章所提出的交互设计方法和项目实践能够给相关领域的交互设计从业人员提供设计方法上的积极参考和借鉴。

7.1 设计动机

与实体零售店相比，在线购物有很多优势，比如购物时间不受限制及更注重功能性和提供更快捷的信息检索。然而，目前的在线购物系统仅仅使用文本和图像等传统的媒体方式展示产品，无法为终端用户提供身临其境的购物体验。对于终端用户来说，仅仅通过可滚动列表中的图像和文本的形式浏览，让人很难理解产品本身，也就是说，终端用户对产品的大小、重量、形状无法形成清晰的感受。另外，不太自然的交互技术，例如，滚动列表或产品信息页面的导航栏，也会增加终端用户的工作量（例如，会产生费力的感觉和沮丧的情绪），并随之降低用户的购物体验（例如，身临其境的感觉、沉浸感和吸引力）。

随着计算机图形学和数据可视化技术的飞速发展，很多 VR 购物系统都可以模拟传统的实体零售店的体验。在 VR 购物应用中，产品以 3D 模型的形式呈现，终端用户可以从不同的角度观看产品，查看产品的细节详情（如材质、纹理等）。因此，VR 购物作为一种新的趋势已经在购物体验中得到了广泛的应用。除了在学术界被广泛讨论的 VR 购物应用案例之外，市场上也出现了商业解决方案，比如 ShelfZone VR、eBay 和 Macy's VR。

然而，传统的 VR 购物应用仅仅是实体零售店的数字化呈现，缺乏更自然的交互技术。例如，终端用户配备了传统的 2D 鼠标、操纵杆或手柄控制器与虚拟环境交互，与现实商店中的双手自然交互模式相比，这些输入技术的交互能力有限，从而将影响终端用户的认知负载和用户体验。

在本章中，我们将介绍一个两阶段用户研究，以探索犹如身临其境的 VR 购物环境中的手势设计和应用。本章的主要内容包括：

（1）区别于传统的以用户为中心的设计和启发式手势设计研究方法，我们将介绍一种更加实用的用户参与式设计方法，用于派生用户自定义手势集。

（2）我们对沉浸式 VR 购物环境下的用户自定义手势进行了定性和定量分析和描述，并提出了一套手势分类方法。

（3）在对已有的主流交互设计方法进行扩充改进之后，我们开发了一个原型系统，并通过实证研究方法证实了在 VR 购物环境下用户自定义手势操作的性能比起当前流行的商业交互技术的长处，例如虚拟手柄控制器和光线投射等交互技术有着明显的优势，实验结果为用户参与式设计方法以及沉浸式虚拟现实的现有知识体系进行了扩充，并提供了一定程度上的理论和方法贡献。

7.2 设计调研

在本节中，我们首先进行设计调研，通过文献回顾梳理前人关于虚拟现实购物环境中手势交互的研究以及目前流行的用户参与式设计方法。

7.2.1 面向沉浸式 VR 购物的手势交互系统

自然手势交互技术是将用户在现实世界中的手部动作直接映射到计算机系统中的相关命令或指令的先进技术。随着计算机视觉技术、智能传感器技术和自然人机交互技术的快速发展，自然手势交互技术已经在许多虚拟现实系统中得到成功应用，用于对象操作、漫游导航、系统控制等交互任务。

除了上述应用之外，一些交互设计人员还探索了虚拟现实购物环境下的手势交互技术。之前的很多实践研究表明，由于改善了购物体验，基于虚拟现实的购物环境会优于传统的 2D 电子商务系统。随着对虚拟现实购物系统满意度的不断提升，用户所表现出来的行为不仅仅是一次性购买更多的商品，而且会多次重复购买更多的商品。然而，我们通过调查研究发现，目前已有的虚拟现实购物系统大多只是对实体店进行简单的虚拟化和数字化，缺乏更自然的交互技术。在这些系统中，用户只能使用传统的鼠标、操纵杆或手柄控制器来选择和操作虚拟商品，而与此相对比的是，在现实世界中人们通常是用双手来操作商品货物。因此，基于自然手势交互的虚拟现实购物系统可以将我们在物理世界中的物理操作行为与虚拟现实购物系统有效地进行映射，融合线上购物和线下购物的优点并改善其缺点和不足，从而大大提升用户的购物体验。

已经有很多交互设计专家和实践人员证明了基于手势的网上购物的优点。例如，Badju 等人基于用户的习惯设计了一组自然手势交互技术，用来完成在线购物系统中诸如对象操作和系统控制等交互任务。类似地，Altarteer 等人探索了将自然手势应用在奢侈品在线商店购物活动中的可行性。他们的实践表明，手势互动可以极大地改善用户的购物体验，使他们能够自然、顺利地执行各种购物任务，例如，试穿新衣服或混合搭配各种服饰配饰，而不需要本人亲身在一个真实的购物中心中开展烦琐的行动。与我们本次交互设计实践案例相似的是，Verhulst 等人也进行了一项实验研究，比较了自然手势交互技术与传统游戏操作板之间的交互性能及用户偏好等方面的指标。实验结果表明，在沉浸式虚拟超市环境中，虽然用户的手势和肢体动作会比传统的游戏操作杆慢一些，但在收集各类商品货物时，手势和肢体动作会让用户感觉更加自然和愉悦。

7.2.2　面向沉浸式 VR 购物的手势设计方法

虽然近年来，自然手势交互受到了全世界的广泛关注，但目前很多基于手势的应用系统都是由专业的系统开发人员设计的，终端用户参与手势设计的机会很少。在很多情况下，系统设计师会过于追求手势的高识别率和系统的易实现性，而往往忽略手势的可用性。因此，在系统设计者所想象中的"好"手势和最终用户所真正期待的"好"手势之间可能存在手势分歧问题。与 Furnas 等人在信息检索领域中所提出的词汇问题类似的是，手势分歧问题可能会导致基于手势的应用系统的可用性和用户满意度双双下降。

为了助力自然手势将来成功地应用到更多的领域，必须理解如何设计和识别好的手势，这些手势通常都是可发现的、可学习的、可记忆的，并且在人机交互环境中易于使用。为了解决这些问题，已经有相关领域专家提出了一种手势启发式设计方法，即邀请手势系统的目标用户参与手势设计过程。在一个标准的启发式设计实践中，设计人员首先向终端用户展示一个目标任务的初始和终止状态（如果必要的话，也可以展示起始到终止状态之间的变化过程），然后要求目标用户为该任务设计一个最佳的手势动作。接下来，系统设计师汇总所有用户设计出来的手势作为候选集，并依据一定的设计规则为目标任务挑选出来一个最佳手势（即被最多用户设计和选择的手势）。手势启发式设计的优点已经被先前的很多设计实践所证明。例如，Morris 等人通过设计实践发现，用户自定义手势比那些由专业的系统设计开发人员单方面设计出来的手势更容易记忆和使用。

然而，启发式设计方法也并非完美无瑕。目前，大多数标准的手势启发式设计采用的是"1 对 1"的实验协议，这意味着被试只需要为每个任务设计一个好的手势即可。在实践过程中，这种方法将不可避免地遇到遗留偏见问题，因为当终端用户参与到目标系统的手势设计时，实验条件是完全开放和无约束的，因此被试会不由自主地偏向于使用他们以前在传统的个人电脑（例如，图形用户界面）或手机（例如，多点触摸技术）上使用的交互技术和范式。此外，由于很多手势启发式设计都是在实验室内进行，受到实验时间、空间和其他实验条件等客观因素的影响，在当时那个实验环境下，目标用户可能无法为给定的任务设计出最合适的手势。如同考试一样，考生很有可能在某一场中发挥不佳。因此，传统的手势启发式设计实践不一定能够保证所设计产出的手势集是全局最优的并且是最适合目标系统的交互任务的。

最近，一些交互设计专家提出了一种新的手势启发式设计方法，即采用"1 对 3"的实验协议，这就意味着被试需要为每个目标任务设计出三个候选手势。专家们推测，这种方法可能会促使目标用户更加深入地思考哪些手势最适合完成特定的目标任务，而不是简单直接地使用那些容易从用户脑海中直接闪现出来的手势（容易受遗留偏见影响的手势）。然而，这种方法也同时带来了一个新的难题，即在实践过程中，被试们很难保证为每个给定的目标任务都设计出三种手势，尤其是当他们在脑海中已经有了一个"好"的手势选择的时候，这时候实验人员逼着他们再多设计两个手势无异于强人所难，很难达到理想的效果。

为了解决这个问题，我们在交互实践中通过大量的观察和实证研究，创新性地提出了一种更加实用的"1 对 2"的实验协议，即在手势启发式设计实践中，让被试为每个目标任务设计两个手势。实践结果表明，这种方法可以有效地缓解遗留偏见问题，同时也不会给被试带来太多的认知负担。但是，作为一种新的方法和交互实践，这种"1 对 2"的实验协议也需要进一步的探索和广泛验证，例如，尽管我们要求被试为目标系统设计生成了两组用户自定义手势，但是这种方法却没有给出明确的设置，以指导帮助普通设计实践人员决策在实际应用中究竟该选择哪一组手势。因此，这种方法无异于把启发式设计方法中原本留给被试的负担（强行要求被试为每个目标任务都设计 3 个及以上的手势）转移到了系统的最终用户身上，因为最终用户们将不得不为每一个系统命令都记忆多个手势动作。

总的来说，手势交互设计至今没有成熟通用的设计准则和既定的规范可循，这一新的设计领域中还存在很多设计挑战。传统的启发式设计方法通常利用频率比来选择被试的最佳手势，然后将之匹配用于系统的目标任务。尽管诸如"1 对 1""1 对 2"和"1 对 3"等不同的方案被提出来用于优化设计过程，但这些方法又过于依赖被试对系统的设计建议，而弱化了设计师的角色并忽略了设计师在交互设计中的贡献，设计师甚至变成了一个统计师，只需要根据用户设计出来的手势分类分组并且统计个数和频次，然后挑选出最受用户欢迎的手势即可，而缺乏有效利用自己的专业背景和设计知识进行手势设计创新的设计活动。除此之外，现有的大多数手势启发式设计实践还停留在手势设计的初级阶段，目前尚不清楚这些直接来自非专业用户所设计出来的手势是否会在系统性能和用户满意度方面表现良好。

7.3　需求分析

为了确定沉浸式虚拟现实购物系统中最核心的交互任务，保证手势的可用性，我们首先从当下流行的电子商务平台和以往关于基于手势的虚拟现实交互系统的相关文献中收集了对虚拟现实购物系统的任务需求。通过这种方式，总共收集了 29 个常见的虚拟现实购物任务。接下来，我们组织了一次头脑风暴会议，邀请 30 名被试针对这 29 个任务的相关性进行投票，并按照这些任务在手势交互中的重要性（1 = 最差，5=最好）用 5 点李克特量表对任务进行排序。最终，生成了 10 个基于手势交互的虚拟现实系统中最需要的核心任务。我们根据受欢迎程度对 10 个核心任务进行排序，如表 7.1 所示。只有在 30 个被试中至少有一半的人（15 个以上）选择了某一个核心任务，并且该任务的平均重要性得分大于 3 时，我们才考虑将这个任务归类为重要核心任务。

表 7.1　虚拟现实购物环境下的 10 个重要的核心购物任务

序　　号	任 务 名 称	任 务 描 述	选择的人数
1	选择	选择一个对象	30 (100%)
2	旋转	旋转一个对象	30 (100%)
3	试穿	试穿衣服	30 (100%)
4	改变颜色	改变对象的颜色	30 (100%)
5	改变尺寸	改变对象的尺码	30 (100%)
6	放大	放大一个对象	27 (90%)
7	缩小	缩小一个对象	27 (90%)
8	查看	查看商品详情	25 (83%)
9	添加	添加到购物车	25 (83%)
10	关闭	关闭当前对话框	20 (67%)

7.4　用户参与式设计

要设计出更加自然、更加友好的手势 VR 购物应用，需要深入了解如何更有效地让终端用户参与到手势启发式设计的过程中，以及更全面地分析他们的心智模型。如前所述，传统的一站启发式设计方法在用户参与式设计过程中过于开放，完全让用户自由地设计手势，而用户本身不是专业的设计师，并且在设计过程中受实验时长、场地等客观因素的影响，未必能设计出最适合目标系统的最佳手势集，因此传统的启发式设计方法的设计结果带有一定的随机性和偶然性。

在本章中，我们决定对传统方法进行创新改进，先组织两个独立的手势启发式设计实践过程，如果两个设计实践产生了一样的结果，那么就直接采用这个结果；如果两个设计实践产生了不一样的设计结果，那么就邀请专业的设计专家来仲裁并进行用户冲突消解，在设计师和用户共同努力协同设计下挑选出最好的设计方案。

7.4.1　被试

本次实验我们共招募了 60 名被试，包括 29 名男性和 31 名女性，被试的年龄介于 22～37 岁之间（M = 27.94，SD = 3.809）。被试来自不同的专业背景，包括程序员、售货员、市场分析师和大学生。所有被试都有至少 3 年网上购物经验，但没有人曾经使用过手势交互技术进行沉浸式 VR 购物。

7.4.2　实验设备

我们在一个可用性实验室进行了这个实验。实验设备由一台个人电脑、深度传感器和商用头盔显示器组成，其中深度传感器被粘贴在了商用头盔显示器上，用来检测用户的手势动作。实验环境如图 7.1 所示。实验开始前，我们开发了一个基于 Unity 3D 的沉浸式 VR 购物应用场景，并通过个人电脑将渲染后的虚拟现实场景发送到商用头盔显示屏上。在实验过程中，我们还架设了 Web 网络摄像头，用来记录实验过程中被试的言行举止，包括他们的手势动作和自言自语，以便后期进行数据分析。遵循传统的启发式设计规则，我们不给被试任何提示，以防止被试产生偏见。

图 7.1　VR 购物用户参与式设计实验环境

7.4.3　实验过程

在实验开始前，实验人员首先向 60 名被试介绍了实验的目的和任务。然后，被试签署了知情同意书。之后，被试被随机分配到两个由 30 人组成的组，记为组 1 和组 2。我们的目的是比较分析由两个独立的手势启发式设计实践所产生的用户自定义手势的一致性。在实验过程中，让被试使用所开发的 VR 购物系统完成 10 个任务。一旦听到实验人员的任务指令，被试就需要为每一个任务都设计一个最好的手势。为了防止实验偏差，我们使用了绿野仙踪（Wizard-of-Oz，WOZ）的方法而不是一个真实的手势交互系统。在这种方法中，被试会误认为他们正在使用的是一个真正的基于手势的 VR 购物系统，但实际上被试所有的操作功能效果都是由站在后面的实验人员使用 HTC 手柄控制器根据被试的手势动作和口头描述来辅助完成的。我们还使用了"出声思考（Think-Aloud）"方法来收集被试的口头解释（被试的心智模型），因此所有的被试都需要大声说出他们为某一特定任务设计一个手势的原因。在他们结束实验后，实验人员要求被试回答一份简短的调查问卷，主要内容是有关被试的人口统计学信息，包括年龄、性别、专业背景，以及他们对这个实验的任何建议。我们使用了拉丁方的方法来平衡十个目标任务可能带来的潜在的顺序影响，实验过程持续约 40～80min。

7.4.4　实验结果

在本节中，我们将详细介绍基于两个独立的启发式设计实践过程所设计产出的用户自定义手势类型和数量、一致性分数以及最佳手势。

1．数据分析

本实验一共有两个被试组，每组 30 名被试，提供了 10 个最核心的目标任务，在此基础上一共收集了 600 个（2×30×10）由用户设计的自然手势。我们邀请了三位专业的交互设计师参加一个头脑风暴会议，讨论如何对所有的手势进行合并分类，然后为相应的目标任务挑选最合适的手势。三位设计师都至少有 5 年的基于手势的交互设计经验。手势的合并分类原则如下：

（1）具有相同特征的手势直接被作为相同手势分为一类。

（2）具有相似特征但又不完全相同的手势，由 3 名专家根据实验过程中被试的口头解释（Think-Aloud 数据）来分析被试的心智模型和设计原理，然后再进行分组合并。

例如，针对任务 1 选择这一目标任务所设计的手势候选中，有 15 个用手抓取的手势动作可以合并成一组相同的手势，尽管这些手势中手的形状稍微有所差异。正如一位被试所说：

"我想使用一个抓取手势来完成任务 1 在沉浸式 VR 购物环境中选择一个对象。只要我做出来这个抓取的动作就行，不管我是用整只手还是只用拇指、食指和中指来做，这些细节方面都无关紧要。"

在完成了合并分组过程后，我们从组 1 中得到了 62 组相同的手势，从组 2 中得到了 51 组相同的手势。

2. 手势分类

接下来，我们按照自然性、身体部位、表现形式和视点四个不同的维度对实验设计产出的两组用户自定义手势进行手工分类。如表 7.2 所示，这四个维度中每个维度又被划分为多个子维度。

表 7.2　沉浸式 VR 环境下的自然手势分类

维度	子维度	描述
自然性	物理类	手势作用在具体的对象上
	象征类	手势用来描述一个符号
	隐喻类	手势表明一种隐喻
	抽象类	手势与任务之间的映射是任意的
身体部位	单手	只有一只手参与交互
	双手	同时有两只手参与交互
	全身	全身多个肢体都参与交互
表现形式	静态	手形和位置都无变化
	动态	手形和/或位置都发生了变化
视点	独立	手势过程不依赖于视点变化
	以对象为中心	从被操作对象的视点来描述手势
	以用户为中心	从用户的视点来描述手势

自然维度又可细分为物理、象征、隐喻和抽象四类。物理类手势通常直接作用于虚拟物体，例如抓取一个物品。象征性手势是一种视觉符号描述，例如，在空中画一个"+"来将当前所购物品添加到购物车中。当一个手势在做的过程中让人联想到了其他的东西时，就会产生隐喻性手势。例如，用户将手掌当作一个调色板，以改变所选衣服的颜色。最后，抽象手势与相应的任务没有物理的、象征的或隐喻的联系，即抽象手势和目标任务之间的映射是任意的。

身体部位维度是指一个手势过程中所涉及的身体部位。它区分了单手手势、双手手势和涉及多个身体部位的全身手势。

表现形式维度区分静态和动态手势。静态手势是指交互过程中不发生空间位移以及手形变化的手势，动态手势是指交互过程中包含了手的时空运动的手势动作。

视点维度用来描述执行手势视点的相对位置。以对象为中心的手势作用于特定的虚拟对象上，例如，在虚拟购物环境中旋转一个物品的旋转手势。以用户为中心的手势是从用户的角度进行的，例如，当用户指向自己的身体时，所选的衣服会朝向自己"飞"过来。视点独立的手势不需要任何关于世界坐标的信息，可以发生在任何情景之下，例如，用户在胸前做一个交叉双臂的手势表示关闭当前正在浏览的商品信息窗口。

　　使用上面提到的分类法，我们在图 7.2 中展示了来自两个用户组的用户自定义手势的分类。

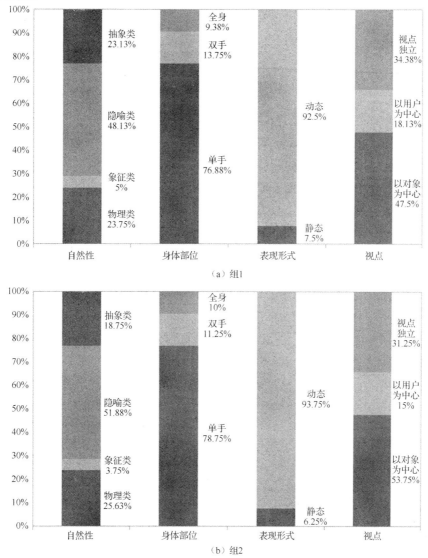

图 7.2　两个小组设计产出的用户自定义手势分类

　　从图 7.2 可以看出，尽管两组被试在每个分类维度中手势的数量百分比略有不同，但我们仍然可以发现一些规律：

（1）用户自定义的手势中有一半是以对象为中心的。

（2）在沉浸式 VR 购物环境中，用户更加偏好使用动态手势，而且更多使用单手手势。

（3）与物理的、抽象的或象征性的手势相比，用户更喜欢使用一些隐喻类手势。

3．手势一致性分数

为了评估被试之间手势选择的一致性，我们按照 Vatavu 等人提出的一致率公式计算 10 个目标任务的一致性分数，计算公式如下：

$$AR(r) = \frac{|P|}{|P|-1} \sum_{P_i \subseteq P} \left(\frac{|P_i|}{|P|} \right)^2 - \frac{1}{|P|-1} \tag{1}$$

其中，P 是被试为目标任务 r 所设计产出的所有手势的集合，$|P|$是集合的大小，P_i 表示来自全集 P 的被合并分组后形成的同类手势的子集。在上述公式中，一个任务所计算得到一致率分数越高，表示被试选择相同手势的可能性越大。

图 7.3 显示了这 10 个任务的一致性分数，并将它们从大到小进行排序。可以看出，两组被试对所有任务的手势设计一致性分数都在 0.4 以下。在第 1 组和第 2 组进行的 10 个目标任务中，手势一致性得分的平均值分别为 0.190 (SD = 0.091)和 0.225 (SD = 0.072)。根据 Vatavu 等人所提出的一致性度量标准，这 10 个任务的平均一致性分数算是中等强度（介于 0.100～0.300 之间）。

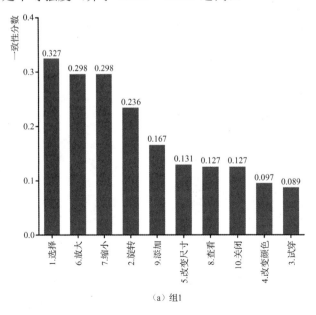

（a）组1

图 7.3　两个被试组中所有任务的一致性分数统计对比

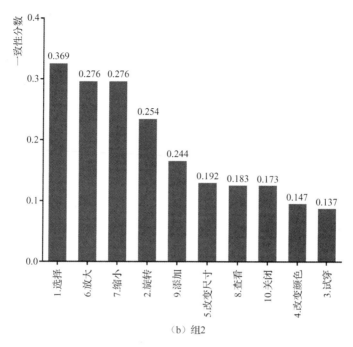

（b）组2

图 7.3 两个被试组中所有任务的一致性分数统计对比（续）

表 7.3 给出了 10 个目标任务每个任务所对应的最佳手势（即被用户设计/提及最多的手势），以及两组被试在所有任务上的一致性分数。

表 7.3 两组最佳手势和一致性分数

任务名称	组 1		组 2	
	最佳手势	一致性分数	最佳手势	一致性分数
选择	抓取	0.327	抓取	0.369
旋转	拧	0.236	拧	0.254
试穿	拽到自己身上	0.089	拽到自己身上	0.147
改变颜色	左右挥手	0.097	食指轻叩一个想象中的调色板	0.137
改变尺寸	上下挥手	0.131	食指轻叩一个想象中的调色板	0.192
放大	双手从中间展开伸向两侧	0.276	拇指食指从捏合到分开	0.298
缩小	双手从两侧收拢到中间	0.276	拇指食指做一个捏合的动作	0.298
查看	食指轻叩两次	0.127	张开拳头	0.244
添加	拽向想象中的购物车	0.167	拽向想象中的购物车	0.183
关闭	挥手再见	0.127	挥手再见	0.173

从图 7.2 和图 7.3 中可以看出,两个独立的启发式设计产出的方案有类似的规律和模式,但通过仔细比较却又发现,尽管表面上看起来有些相似,但很多任务却产生了不同的最佳手势,确切地说有一半数量是不同的,任务 4、5、6、7 和 8 中最佳手势都不相同。因此,两个实验中对于目标任务所设计的手势的不一致率为 50%。

4．冲突消解

至此,我们从参与两项独立的启发式设计的两组用户中获得了两组不同的用户自定义手势集。按照标准的手势启发式设计的流程,设计者此时可能会因为冲突而感到困惑,不知道该选择哪个手势分配给相应的任务(例如任务 4、5、6、7、8)。因此,我们组织了一个头脑风暴会议,并邀请了 5 位专业的交互设计师来参加讨论,以解决两套手势之间的冲突。这 5 位设计师在开发基于手势的交互系统方面都有超过 7 年的经验。

两组被试在任务 1、2、3、9、10 中选择了相同的手势;考虑到这 5 个手势的自然性和高辨识度,5 位设计师直接将这 5 个手势推荐给相应的 5 个 VR 购物任务。接下来,5 位设计师根据他们的专业经验,评估这两套手势中剩余的 5 组有分歧的手势,并从性能和用户偏好两方面为每个目标任务推荐一个最优的手势。

在第 1 组手势中,对于任务 4(改变颜色)和任务 5(改变尺寸),组 1 中的被试设计了左右挥手和上下挥手的手势动作。与组 2 中的被试所设计的手势(食指轻叩一个想象中的调色板)相比,这些手势需要消耗被试更多的认知负荷,因为被试需要记住不同挥手方向和所对应的任务之间的语义关系,例如,到底是向上表示增大尺码还是向下表示增大尺码,并且还需要区分左右表示改变尺码还是上下表示改变尺码,因此在实际应用中被试会经常困惑甚至出错。并且,当系统中需要调试的颜色或者尺码非常多的时候,这种类型的手势的交互效率将会大大降低。与此相对应的是,组 2 用户不需要关心这些问题,例如被试可以轻松地使用轻叩而激活调色板这个手势,通过食指在系统提供的调色板上点击功能色板来执行这些任务。因此,针对任务 4(改变颜色)和任务 5(改变尺寸),这 5 位设计师推荐使用组 2 所设计的手势。

对任务 6(放大对象)和任务 7(缩小对象)来说,组 1 的被试分别设计了双手从身体中间展开伸向两侧,以及双手从身体两侧收拢中间两个手势,而不是像组 2 那样,设计了一个拇指和食指捏合/分开的手势。虽然和组 1 相比(手势过程需要双手并用),组 2 只使用了单手的姿态,更容易执行且可以减少身体疲劳。但是在实际应用场景中,这种仅使用拇指食指捏合的动作特别容易导致"点石成金"的问题,也就是说:每一个来自用户的活跃的手势动作,即使是用户无意做出的,也可能被系统解释为一个具体的交互命令。考虑到实践中的性能和误触率问题,5 位设计师在任务 6 和任务 7 中推荐了组 1 所设计的两种手势。

对于任务 8（查看产品细节），在组 2 中被试更喜欢张开拳头的手势，而组 1 的被试则更喜欢用食指轻叩两次。5 位交互设计专家认为，与双击鼠标的动作类似，组 1 的被试设计的食指轻叩两次的手势是典型的模仿 WIMP 图形用户界面（Window，Icon，Menu，Pointing Device）的操作。但是这种手势在三维虚拟现实空间中包含了两个原子动作（两次轻叩），而且两次轻叩动作的间隔时间和动作频率在不同的用户之间存在很大的差异，这可能会导致基于视觉的手势交互系统产生较差的识别率。此外，该手势和任务 8（查看产品细节）之间没有很强的语义映射。相比之下，组 2 被试所设计张开拳头的手势动作简单清晰，符合用户的心智模型。因此，5 位设计师在任务 8 中选择了组 2 被试设计的手势。

根据以上分析，5 位专业设计师推荐使用的 10 个手势集包含：

（1）两个被试小组所设计的相同的 5 种手势（任务 1、任务 2、任务 3、任务 9、任务 10）。

（2）组 1 被试所设计的两种手势（任务 6、任务 7）。

（3）组 2 被试所设计的三种手势（任务 4、任务 5、任务 8）。

5. 用户自定义手势集

综上所述，在终端用户和专业设计师协同设计的基础上，我们设计产出了一套面向沉浸式 VR 购物环境的用户自定义手势集，如图 7.4 所示。

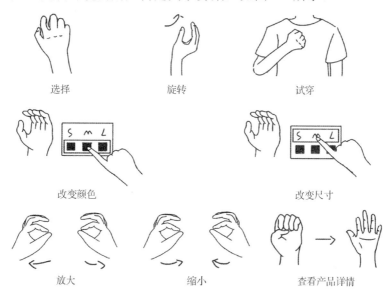

图 7.4 面向沉浸式 VR 购物环境的用户自定义手势集

添加到购物车

关闭当前对话框

图 7.4 面向沉浸式 VR 购物环境的用户自定义手势集（续）

7.4.5 小结

在本案例中，先是给出了基于自然手势交互的沉浸式 VR 购物应用中最核心的目标任务以及这些任务最常用的自然手势。与标准的手势启发式设计实践方法不同的是，我们邀请了 60 名被试，随机分为 2 个被试组，每组 30 名被试在 2 个独立的启发式设计实验中为 10 个 VR 购物任务设计手势。实验结果验证了我们的假设，即仅仅由某一次启发式设计实践所产生的用户自定义手势集可能会陷入局部极小值，无法发现可能更适合给定目标任务的更优的手势。根据我们的实验结果，组 1 和组 2 所设计产出的最佳手势有 50% 是不同的。

尽管两组被试在最受欢迎的手势上存在一定的分歧，但我们发现，被试在使用自然手势完成沉浸式 VR 购物交互任务时所偏好的手势类型是一致的。这些有趣的发现和有用的信息为后期系统开发中手势识别算法和交互技术的选择奠定了有益的基础。

对于某种类型的任务，比如任务 1（选择一个对象），通过组织两次独立的手势启发式设计实践，可能会得到一致分数较高并且两个组完全相同的最佳手势。然而，对于其他的任务，例如任务 6（放大一个物体）和任务 7（缩小一个物体），尽管在两个独立的手势启发式设计实践中都取得了较高的一致性分数，但用户所设计产出的最佳手势完全不同。在这种情况下，大多数标准的启发式设计方法所采用的基于"频率比（Frequency Ratio）"方法和"赢者通吃（Winner-Take-All）"策略可能会由于被试之间意见不统一或者冲突而失效。

基于本次交互实践的结果，我们建议用户参与式设计方法在实践过程中需要邀请专业设计师参与冲突消解过程，并运用他们的专业技能对手势的设计和选择做出应有的贡献，而不是仅仅实施数据统计流程，简单地根据用户自定义手势的结果，统计最大数量并赋值给相应的目标任务。

7.5 可用性评估

前面我们通过组织终端用户和专家协同设计，产出了一套沉浸式 VR 环境中用于完成购物任务的用户自定义手势集。为了加深对用户自定义手势的可用性和社会接受度的进一步理解，我们开发了一个基于自然手势交互的沉浸式 VR 购物系统。基于该系统，我们开展了一项比较研究，以调查被试如何评价使用用户自定义手势和使用其他商业 3D 交互技术进行 VR 购物的优缺点。我们希望这个案例能够让设计师更好地理解自然手势交互技术的性能，从而设计和开发出可用性更高的技术和交互产品。

7.5.1　实验设计

大多数商业化的沉浸式虚拟现实系统，如 Oculus Rift 和 HTC Vive，都提供了两种主流的交互技术：虚拟手柄控制器和光线投射（虚拟指针）。虚拟手柄控制器技术是在虚拟现实场景中模拟了真实的手柄，用户可以通过真实手柄控制器上的按键操纵虚拟场景中的虚拟手柄来实现诸如"选择""旋转"虚拟对象等交互任务。通常，虚拟手柄控制器技术提供了与真实的手柄控制器之间的一对一映射。相比之下，光线投射技术使用了非线性映射功能和"超自然"的隐喻技术，用户可以使用系统虚拟投射出来的激光射线来扩大自己的交互范围。在此基础上，我们将本章所提出的自然手势交互技术与这两种常用的商业交互技术进行比较分析和可用性评估。

本实验包括三个不同的实验处理，每个处理使用不同的交互技术完成 VR 购物任务。在第一个实验处理中，被试需要通过用户自定义手势实现与 VR 系统的交互，如图 7.5（a）所示。在第二个实验处理中，被试使用一个虚拟手柄控制器，如图 7.5（b）所示，用户可以通过按压不同的按钮和/或触控板上的不同区域执行不同的任务，比如按下触发按钮来选择一个产品对象，然后按压触控板的顶部区域来查看产品的详细信息。在第三个实验处理中，我们为被试提供了一束具有魔力的激光束（射线），用于帮助被试选择和操纵物体，如图 7.5（c）所示。在交互过程中，用户可以扣动扳机激活射线，此时用户会看到虚拟手柄控制器的尖端延伸出来一束蓝色光线，可用于操纵虚拟对象。我们在系统中设计开发了一个有限状态机 FSM（Finite State Machine），这一设计的主要目的是通过遵循事先设定的状态转移规则，帮助用户顺利地从一种状态（如选择一个对象）切换到另一种状态（如放大所选中的对象）。

7.5.2　被试

在本次实验中，我们招募了 30 名被试（14 男 16 女），被试的年龄在 20～25 岁之间（$M = 22.19$，SD = 2.500）。他们来自不同的专业背景，包括交互设计、新闻学、大气科学和计算机科学。在参加这项实验之前，30 名被试中没有人曾经在沉浸式 VR 购物环境中使用手势交互，并且他们都没有参加过上一个实验。

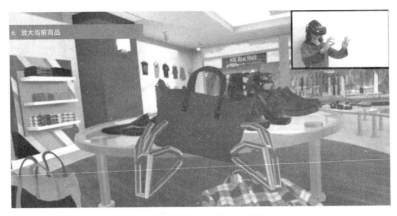

（a）基于自然手势的 VR 购物

（b）基于虚拟手柄的 VR 购物

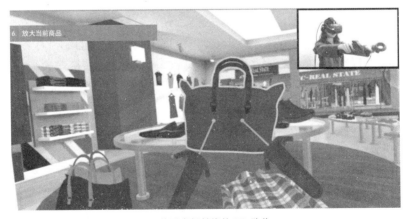

（c）基于虚拟射线的 VR 购物

图 7.5　三种不同的 VR 购物交互设计

7.5.3　实验设备

我们在一个可用性实验室进行了这个实验。实验室配置包括一台 15.6 英寸的惠普笔记本电脑，一台商用头盔显示器，两个无线手柄控制器和一个安装在商用头盔显示器前面板上的深度传感器。为了满足商用头盔显示器对 VR 场景渲染的需求，本实验使用的笔记本电脑配置了 2.2GHz i7 CPU、16G 内存、8GHz GeForce GTX1070 显卡。它还搭载了我们预先开发的基于手势交互的 VR 购物系统，可以识别用户的手势输入，并将虚拟购物环境渲染之后传递给商用头盔显示器。我们所开发的基于手势交互的 VR 系统主要基于 Leap Motion SDK、虚拟现实工具包（VRTK）和 Unity 3D 游戏引擎，针对前面的 10 个用户定义的手势识别测试的平均识别率为 98.6%。除此之外，我们还使用了 Web 网络摄像头捕捉被试的手势行为和声音。实验结束后，我们使用 iPad Pro 收集被试关于人口统计学方面的一些调查数据。

7.5.4　任务场景和实验过程

在本次实验中，我们设计了一组典型的 VR 购物任务，在这组任务中被试需要选择一个红色的包，将选中的红包放大两倍，然后缩小到正常大小，接着沿着 y 轴将红包旋转 180°，查看这个包的详细信息（例如，品牌和价格），调用一个属性对话窗口将其尺码从小号换到大号，然后将其颜色从红色改到蓝色，关闭属性窗口，选择一件 T 恤并且试穿一下，最后把心仪的 T 恤添加到购物车中。

实验开始前，实验人员首先向被试介绍实验目的和要求，然后被试签署了知情同意书。接下来，被试将带上商用头盔显示器熟悉 VR 环境。我们事先设置了一组类似于真实任务的训练场景，被试在训练场景中使用三种处理方法完成虚拟对象操作任务。

正式实验开始后，每个被试需要使用三种不同的交互技术尽快完成相同的购物任务。我们的实验采用了组内设计方法，并且使用了拉丁方方法来平衡三个不同实验处理的顺序影响。被试被随机分配到这些不同的处理顺序中。

基于三种不同的交互技术，我们收集了被试在系统交互性能和用户满意度方面的数据，系统性能包括任务完成时间和错误数两个指标。其中，任务完成时间被定义为从任务开始到被试正确完成任务之间的时间间隔。错误数是一个目标任务被正确完成前被试所有的试错次数。

在完成给定的一系列的购物任务后，被试对这三种不同的交互技术进行评估并填写调查问卷。问卷包括三个部分。

（1）NASA 任务负载指数（NASA-TLX）用来测量任务负荷、可用性、和满意度。

（2）易用性量表（UEQ）用来评估用户体验。

（3）IPQ（Igroup Presence Questionnaire）用来测量临场感，例如，被试在多大程度上相信自己"存在"于系统所呈现出来的虚拟现实购物环境。

整个实验过程持续约 90～120min。

7.5.5 实验结果

在本节中，我们将从任务完成时间、错误数、任务负荷、用户体验和临场感等几个方面详细描述本次实验结果。

1. 任务完成时间

图 7.6 展示了被试使用三个不同的实验处理的完成时间。如图 7.6 所示，30 名被试使用用户自定义手势、虚拟手柄控制器技术和光线投射技术完成 10 个目标任务的平均时间分别为 31.9s (SD = 4.6s)、30.1s (SD = 4.5s) 和 36.4s (SD = 6.4s)。使用单因素方差分析检验，我们发现三个不同实验处理之间的任务完成时间存在差异显著（$F_{2,87} = 11.199$，$p = 0.000$）。事后检验（Tukey'HSD）表明，光线投射技术比用户自定义手势（$p = 0.004$）和虚拟手柄控制器（$p = 0.000$）要慢得多。用户自定义手势与虚拟手柄控制器之间没有显著差异（$p = 0.405$）。

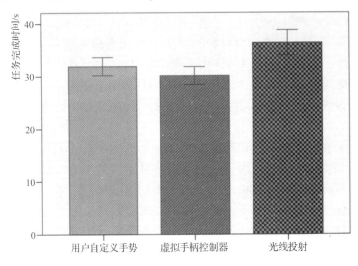

图 7.6　任务完成时间对比

接下来，我们进一步比较每个任务的平均完成时间。使用单因素方差分析检验，我们发现三个不同实验处理之间的任务完成时间的差异对 8 个目标任务（80%）都是有显著差异的。事后检验（Tukey'HSD）表明：

（1）用户自定义手势在以下任务上表现性能最优，包括任务 2（旋转一个对象

$F_{2,87} = 26.511$，$p =0.000$），任务 3（试穿衣服 $F_{2,87} = 10.403$，$p =0.000$)，任务 8（查看产品详情 $F_{2,87} = 6.554$，$p =0.002$)，任务 9（添加到购物车 $F_{2,87} = 8.922$，$p =0.000$)，和任务 10（关闭当前对话框 $F_{2,87} = 3.749$，$p =0.027$)。

（2）光线投射技术则最适合任务 1（选择一个对象 $F_{2,87} = 3.614$，$p =0.031$)。

（3）虚拟手柄控制器技术在任务 6（放大一个对象 $F_{2,87} = 5.804$，$p =0.004$）和任务 7（缩小一个对象 $F_{2,87} = 5.702$，$p =0.005$）中表现最好。

2．出错数对比

对于每个目标任务，我们记录了被试使用不同的交互技术完成任务的过程中需要试错的次数。由于试错次数高度依赖于被试的舒适水平和操作习惯，因此我们提出了一个错误计数公式来计算被试的总试错次数：

$$错误数=\begin{cases} 0，如果用户第一次尝试就完成了该任务 \\ 1，如果用户第二次尝试就完成了该任务 \\ 2，如果用户尝试了3次以上才完成了该任务 \\ 3，如果没有实验人员的帮助，用户无法独立完成该实验任务 \end{cases}$$

图 7.7 比较了三个不同实验处理的错误数。如图所示，30 名被试使用用户自定义手势、虚拟手柄控制器技术和光线投射技术完成 10 个目标任务的平均出错次数分别为 0.4 (SD = 0.675)、0.5 (SD = 0.777)和 0.4 (SD = 0.894)。使用 Friedman 检验，三个实验处理之间的试错次数并未发现存在显著差异（$\chi^2(2) = 1.560$，$p =0.458$)。

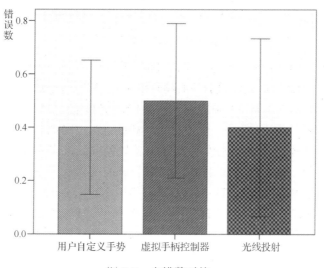

图 7.7　出错数对比

3. 任务负荷对比

图 7.8 比较了三个不同实验处理的任务负荷。如图所示，用户自定义手势、虚拟手柄控制器和光线投射技术的任务负荷平均得分分别为 2.60 (SD = 1.376)、2.30 (SD = 1.302) 和 2.84 (SD = 1.274)。通过 Friedman 检验，我们发现三个实验处理的任务负荷之间存在显著差异（$\chi^2(2，n{=}30) = 10.807，p {=}0.005$）。总的来说，光线投射技术比用户自定义手势（$p {=}0.026$）和虚拟手柄控制器（$p {=}0.002$）的任务负荷要大得多。在用户自定义手势和虚拟手柄控制器之间没有发现显著差异（$p {=}0.393$）。

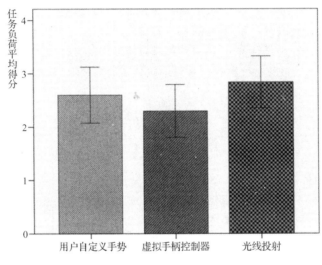

图 7.8　任务负荷对比

在脑力需求方面，用户自定义手势、虚拟手柄控制器和光线投射技术的平均值分别为 2.48 (SD = 1.455)、2.45 (SD = 1.404) 和 3.41 (SD = 1.593)，三种技术之间存在显著差异（$\chi^2(2，n{=}30) = 13.802，p {=}0.001$）。光线投射技术比用户自定义手势（$p {=}0.015$）和虚拟手柄控制器（$p {=}0.004$）需要花费更多的认知努力。在用户自定义手势和虚拟手柄控制器之间则没有发现明显的差异（$p {=}0.646$）。

对于物理负荷，用户自定义手势、虚拟手柄控制器和光线投射技术的平均值分别为 2.79 (SD = 1.590)、2.69 (SD = 1.692) 和 3.34 (SD = 1.495)，表明这三种技术之间存在显著差异（$\chi^2(2，n{=}30) = 7.386，p {=}0.025$）。光线投射技术比虚拟手柄控制器需要更多的物理消耗（$p {=}0.022$）。用户自定义手势与虚拟手柄控制器（$p {=}0.511$）以及用户自定义手势与光线投射技术（$p {=}0.101$）之间都没有显著差异。

4．用户体验对比

图 7.9 比较了三个不同实验处理的用户体验。如图所示，用户自定义手势、虚拟手柄控制器和光线投射技术的用户体验平均得分分别为 4.43 (SD = 0.309)、4.26 (SD = 0.289)和 4.27 (SD = 0.277)。通过 Friedman 检验，我们发现三个实验处理方法在用户体验方面存在显著差异（$\chi^2(2,\ n=30) = 7.649$，$p =0.022$）。总的来说，用户自定义手势比虚拟手柄控制器（$p =0.005$）和光线投射技术（$p =0.004$）提供了更好的用户体验。在虚拟手柄控制器和光线投射技术之间没有发现显著差异（$p =0.681$）。

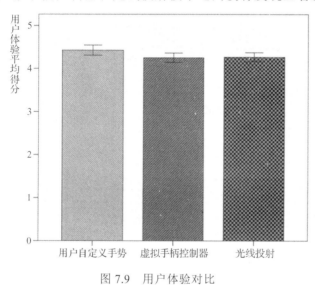

图 7.9　用户体验对比

5．沉浸感对比

图 7.10 比较了三个不同实验处理的沉浸感。如图所示，用户自定义手势、虚拟手柄控制器和光线投射技术的平均得分分别为 4.31 (SD = 1.080)、3.85 (SD = 1.377)和 3.87 (SD = 1.343)。通过 Friedman 检验，我们发现三个实验处理之间存在显著差异（$\chi^2(2,\ n=30) = 11.065$，$p =0.004$）。总的来说，用户自定义手势提供了比虚拟手柄控制器（$p =0.004$）和光线投射技术（$p =0.009$）更强烈的沉浸感。虚拟手柄控制器和光线投射技术之间没有显著差异（$p =0.793$）。

6．与其他的设计方案对比

我们将本研究结果与 Speicher 等人和 Nanjappan 等人最近的两项研究进行了比较。之所以选择这两项研究，是因为他们所聚焦的也是与我们的研究特别相关的领域。表 7.4 详细列出了比较结果。

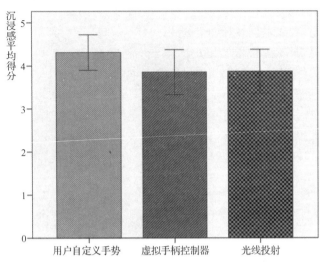

图 7.10　沉浸感对比

表 7.4　与其他工作的对比

	被试数量	任务数量	交互技术	开发方法	速度/s	出错数
Speicher 等人	16	1	手柄	专家定义	16.94（beam） 17.61（grab）	0（球体） 0.24（篮子）
Nanjappan 等人	12	17	手柄	用户定义	N/A	N/A
我们的设计	30	10	手势	用户定义	31.9（手势） 30.1（虚拟手柄） 36.4（光线投射）	0.4（手势） 0.5（虚拟手柄） 0.4（光线投射）

（1）Speicher 等人设计了两种交互技术（beam 和 grab），让被试在虚拟购物环境中选择 3D 对象并添加到购物车中。他们声称，被试可以熟练地使用这两种技术完成指定的任务，二者之间没有显著差异。相比之下，当购物车以不同的形式（篮子或球体）呈现时，错误率则有显著差异。然而，Speicher 等人的系统是从专业系统设计师的视角进行设计和开发的，正如前面所分析的那样，这可能会产生词汇分歧问题，导致系统可用性和用户满意度较低。

（2）与 Speicher 等人的系统相比，Nanjappan 等人采用启发式方法设计了面向 17 个任务的双手控制器交互技术，而不是直接简单地使用系统专家开发的技术。他们认为，在虚拟环境中操作 3D 对象时，用户启发式方法所创建出来的交互技术更自然、更直观。然而，在 Nanjappan 等人的系统中，被试仍然需要使用双手控制实体手柄。与线下实体店中的自然双手交互方式相比，这种输入技术的交互能力有限，可能会影响终端用户的认知负载和用户体验。此外，Nanjappan 等人的研究仅仅简单地给出了双手操作控制器的手势定义，缺乏对系统实际性能和终端用户对系统交互技术偏好的进一步验证。

（3）与 Speicher 等人和 Nanjappan 等人不同的是，我们使用改进的用户参与式设计方法，从最终用户那里获得了一套用户自定义手势。用户自定义手势被用来直接完成沉浸式 VR 购物应用中的目标交互任务。实验结果表明，与 Speicher 等人和 Nanjappan 等人使用的传统手柄控制技术相比，我们的设计方法能够帮助用户更加高效、准确地完成指定任务，在降低用户的认知负荷的同时带来了更高的用户满意度。

7.5.6 小结

传统的手势启发式设计方法大多停留在特定领域的手势定义阶段。因此，在实践中缺乏对系统性能和最终用户偏好的进一步验证。在本实验中，我们将所提出的用户自定义手势集与另外两种常用的商业沉浸式 VR 系统输入技术——虚拟手柄控制器和光线投射技术进行了比较。实验结果表明，用户使用自定义手势可以轻松、直观地与虚拟现实购物环境进行互动，从多个角度提高用户体验和用户满意度。

总的来说，使用用户自定义手势和虚拟手柄控制器完成我们给定的 10 个常见购物任务的平均时间明显少于光线投射技术。光线投射技术仅在任务 1 中快于其他两种方法，因为有了"魔法"激光束，光线投射技术允许用户选择和操纵超出正常范围的虚拟物体。相比之下，用户自定义手势和虚拟手柄控制器两种技术都要求用户在 3D 虚拟环境中调整距离和/或角度才能实现抓取远处的对象。然而，当涉及对精度有较高要求的交互任务时，比如沿着 y 轴将当前所选的红色袋子旋转 $180°$，光线投射技术则不如用户自定义手势和虚拟手柄控制器有效。对于那些对象操作类任务，如旋转、放大、缩小，用户自定义手势和虚拟手柄控制器比光线投射技术更容易执行，因为这两种技术都是基于虚拟手的隐喻来开发实现的，并且在虚拟世界中存在着与用户在物理世界中一对一的视觉呈现（虚拟手化身），因此用户不需要花太多认知努力就可以利用物理世界中养成的操作习惯很轻松地操纵虚拟对象。

在出错数方面，三种不同的交互技术之间没有显著差异，所有 30 名被试在三个实验处理中都成功地完成了给定的 10 个目标任务。

在主观评分方面，被试普遍认为：与光线投射技术相比，在沉浸式 VR 环境中使用用户自定义手势进行购物任务需要明显更少的脑力和体力投入。此外，被试认为用户自定义手势能够比虚拟手柄控制器和光线投射技术提供更好的用户体验和更强烈的沉浸感。总的来说，用户满意度更高是因为我们在手势系统中使用了同构隐喻法，也就是说用户的真实手和 VR 购物系统中呈现出来的虚拟手化身之间的映射是一对一的，并且虚拟手的动作与真实手的动作也是同步对应的。相对于虚拟手柄控制器和光线投射技术，手势交互更加自然、直观、为用户所熟悉，因此大大增强了沉浸感和用户满意度。

此外，本案例中所测试的手势是由先前的启发式设计实践产出的。终端用户和专业的系统专家协同设计出来的手势不涉及复杂的手形或手部运动，它们与被试在现实物理世界中形成的思维模式和交互习惯是一致的。因此，使用自然手势与沉浸式 VR 购物应用交互本身的自然性、直观性和有趣的创意都是取得以上收益的主要原因。

7.6　设计启发

结合以上设计实践的结果，我们得到了一些设计启发。

7.6.1　用户参与式设计实践中存在的问题

让终端用户参与到基于手势的交互设计中，通过分析目标系统的功能需求和用户自己对交互的期望，已成为手势启发式设计方法中需要解决的重要问题。但是，设计师应该记住，在传统的手势启发式设计实践中，终端用户在没有任何约束的条件下自由地为一个系统设计自己喜欢的手势，不可避免地会导致一些具有挑战性的问题，例如手势分歧问题和遗留偏见问题。这些问题可能会导致不同研究者在组织独立的启发式设计实践时得到不同的手势词汇。例如，我们的第一个实践案例结果表明，不加任何限制的情况下，不同组的被试针对相同的目标任务、采用相同的启发式设计方法所设计产出的手势相同的概率只有 50%。这些结果表明，期望通过独立的启发式设计实践，可以对同一套特定的系统任务获得相同的用户自定义手势是不现实的。

7.6.2　设计师与用户的协同设计

结合我们的实践结果，可以发现，在有限的时间和实验条件下，期望被试每次都能为给定的目标任务设计出最合适的手势是不现实的。此外，被试没有手势识别方面的专业知识，因此，他们通常更关注手势的可用性指标，例如可发现性、可学习性和可记忆性，而不是一个可落地运行的手势交互系统所关注的可辨识性和高识别率等指标。所有这些因素都可能导致启发式设计实践陷入局部最小值，无法为特定的目标任务确定最合适的手势。与标准的手势启发式设计方法相比，我们强调专业的设计人员和终端用户在一起工作的协同设计过程，用于精炼和不断评估在实践中产生的用户自定义手势是否既满足高识别率又满足高可用性。

根据结果，我们认为启发式设计实践并不是要创造一套绝对权威的自然手势集，而是要给专业的系统设计师提供一些潜在的高质量手势候选方案，这些手势候选都是从终端用户那里收集得来的。对于那些在两个独立的启发式设计实践中不约而同地表现出高度一致的手势候选，比如抓取、拧、拽到自己身体上、拽向想象中的购物车图标上以及挥手再见等，设计师可以简单地直接将它们映射到对应的任务上，分别为任务 1（选择一个对象），任务 2（旋转一个对象），任务 3（试穿衣服），任务 9（添加到购物车），任务 10（关闭当前窗口）等。然而，对于其他任务，如任务 4、5、6、7 和 8，设计师应该结合他们自身所拥有的专业技能来与用户一起商量并进行冲突消解。

7.6.3　对手势设计空间的理解

大多数标准的手势启发式设计实践都停留在特定目标任务的手势定义和设计阶段。然而，尽管这些设计实践所收集到的被试的手势往往很容易被记住，即满足了可记忆性，但是这并不能保证它们在实践中的普及和可用性。在本案例中，我们根据实验结果建议在未来的手势启发式设计实践过程中加入对用户自定义手势词汇的专业评估。通过这种方式，希望能够弥补传统手势启发式设计方法的局限性，帮助终端用户更好地理解手势设计空间。实际上，第二阶段的实验结果表明，自然手势交互技术被认为在任务负载、用户体验和交互性能（例如，速度、出错数）等方面普遍优于传统的商业交互技术（例如，虚拟手柄控制器和光线投射技术）。

7.6.4　各取所长各补所短

在沉浸式 VR 购物环境中设计开发基于自然手势的交互技术要充分发挥其优点并避免其不足。我们第二阶段的实验结果发现：与虚拟手柄控制器和光线投射技术等商用的 3D VR 交互技术相比，基于自然手势的交互技术的主要优点是自然、直观、高效和灵活多变。基于自然手势的交互技术为用户提供了物理世界中的真实手和 VR 购物环境中的虚拟手之间的一对一映射。此外，在虚拟对象操作等交互操作方面，自然手势不需要任何触发器或分隔符等交互机制来表明"确认"，这是普通虚拟手柄控制器和光线投射技术无法比拟的。

因此，被试利用他们在现实生活中触摸和操作对象的经验，轻松实现在虚拟环境中选择和操作目标对象，这种交互模式能够创造一种融合了电子商务网站和传统线下零售商店各自优势的新奇的购物体验。相比之下，光线投射技术可以克服基于自然手势交互技术在有限的跟踪空间或结构学上的限制，例如，能够提供一种非线性映射机制，并允许用户使用"超自然"的交互隐喻来选择和操纵 VR 环境中的虚拟对象。正如一名被试所说的那样：

"*我希望当我需要访问和操作超出我臂长范围的远程对象时，虚拟手臂能够自动'生长'出来并够得到它*"。

因此，我们的实践结果充分表明，设计师需要进一步探索能够将各种交互技术无缝集成到一起且更加直观方便的交互对话方式，比如融合更快、更准的近身对象操作技术，例如虚拟手柄技术和同构的自然手势交互技术等，以及能够准确选择操作远处对象的非同构的光线投射技术。

7.7 本章总结

基于手势的交互技术越来越受欢迎。基于自然手势的交互设计，让终端用户可以用双手直接控制信息空间，就像他们在物理空间中操作对象那样自然和高效，因此能够为终端用户提供更多的交互自由度、更大的交互空间、更逼真的交互体验。在本章中，我们组织了一个两阶段的交互设计实践，以探索沉浸式 VR 购物应用中的自然手势交互设计和系统开发及评估。本章主要内容包括：

（1）提出了一种比传统手势启发式设计实践更实用的方法来获得更可靠的手势。

（2）在沉浸式 VR 购物环境中，对用户使用的自然手势进行定性和定量表征，比如提出了沉浸式 VR 购物环境中的自然手势分类方法。

（3）总结了沉浸式 VR 购物环境中使用自然手势交互所带来的实践收益。

（4）分析洞察了终端用户在 VR 购物过程中使用手势进行交互的心智模型和表现出来的购物行为。

（5）提出了一套基于自然手势的交互技术和用户界面设计规范。

当然，我们在交互实践过程中也发现了一些不足。一方面，我们的案例中只涉及了虚拟对象操作任务。为了进一步泛化我们的结论，还需要进一步研究在其他条件下的虚拟现实购物任务中自然手势的可用性，例如 3D 虚拟对象操作和 3D 虚拟场景漫游两大类任务的结合。另一方面，我们还需要进一步探索用户是如何被基于手势交互的沉浸式 VR 购物系统带来的满意度提升所影响，从而倾向于在购物行为中一次性购买更多的商品或者重复多次购买行为。

参 考 文 献

[1] WOBBROCK J O, AUNG H H, ROTHROCK B, et al. Maximizing the guessability of symbolic input. (CHI'05). New York, NY: ACM. Press. 2005, pp. 1869-1872.

[2] VATAVU R D, WOBBROCK J O. Formalizing agreement analysis for elicitation studies: New measures, significance test, and toolkit. In Proceedings of the SIGCHI conference on human factors in computing systems. 2015. pp. 1325-1334, Seoul, Republic of Korea.

[3] NIELSEN M, STÖRRING M, MOESLUND T B, et al. A Procedure for Developing Intuitive and Ergonomic Gesture Interfaces for HCI. In Gesture-Based Communication in Human-Computer Interaction, Proceedings of the 5th International Gesture Workshop, GW, Genova, Italy, 15-17 April 2003; Springer: Berlin/Heidelberg, Germany, 2004.

[4] WOBBROCK J O, MORRIS M R, WILSON A D. User-defined gestures for surface computing. In Proceedings of the 27th international conference on human factors in computing systems (CHI'09), 2009, pp.1083. New York, NY: ACM Press. doi: 10.1145/1518701.1518866.

[5] FURNAS G W, LANDAUER T K, GOMEZ L M, et al. The vocabulary problem in human system communication. Communications of the ACM. 30(11). 1987. pp.964-971.

[6] WU H Y, WANG J M, ZHANG X L. User-centered gesture development in TV viewing environment. Multimedia Tools and Applications, 2016. 75(2). pp. 733-760.

[7] MORRIS M R, DANIELESCU A, DRUCKER S, FISHER D, LEE B, SCHRAEFEL M C, WOBBROCK J O. Reducing legacy bias in gesture elicitation studies. Interactions. 2004. 21(3): 40-45.

[8] WU H Y, ZHANG S K, QIU J L, et al. The gesture disagreement problem in freehand gesture interaction. International Journal of Human-Computer Interaction.2018. pp. 1-14.

[9] Wu H Y, WANG Y, QIU J L, et al. User-defined gesture interaction for immersive VR shopping applications. Behaviour & Information Technology. 2018. pp. 1-17.http://dx.doi.org/10.1080/0144929X.2018.1552313.

[10] CAFARO F, LYONS L, ANTLE A N. Framed guessability: improving the discoverability of gestures and body movements for full-body interaction. In: CHI'18. 2018. Paper No. 593. 1-12.

[11] VOGIATZIDAKIS P, KOUTSABASIS P. Gesture elicitation studies for mid-air interaction: A review. Multimodal Technologies and Interaction. 2018.2.65. pp. 1-21.

[12] KATIE A S, YVONNE R, KAY H C. Fat finger worries. How older and younger users physically interact with PDAs. In Proceedings of the 2005 IFIP TC 13 international conference on human-computer interaction. 2005. (pp. 267-280), Rome, Italy.

[13] WU H Y, YANG L Q Q. User-defined gestures for dual-screen mobile devices. nternational Journal of Human-Computer Interaction. 2019. pp. 1-16.

[14] HUTCHINS E, HOLLAN J, NORMAN D. Direct manipulation interfaces. Human-Computer Interaction. 1985. 1, 311-338.

[15] LÖCKEN A, HESSELMANN T, PIELOT M, et al. User-centered process for the definition of freehand gestures applied to controlling music playback. Multimedia Systems. 2011. 18(1): 15-31.

[16] VATAVU R D, WOBBROCK J O. Between-subjects elicitation studies: formalization and tool support. In: CHI ' 16. 2016. p 3390-3402.

[17] HOFF L, HORNECKER E, BERTEL S. Modifying gesture elicitation: do kinaesthetic priming and increased production reduce legacy bias? In: TEI ' 16. 2016. p 86-91.

[18] MILLER G A. The magical number seven, plus or minus two: some limits on our capacity for processing information. Psychol Rev. 1955. 101(2): 343-352.

[19] WU H Y, WANG Y, LIU J Y, et al. User-defined gesture interaction for in-vehicle information systems. Multimedia Tools and Applications. 2020.79(1). pp. 263-288.

[20] FITTS P M. The information capacity of the human motor system in controlling the amplitude of movement. J Exp Psychol. 1954. 47: 381-391.

[21] WU H Y, LIU J Y, QIU J L, et al. Seeking common ground while reserving differences in gesture elicitation studies. Multimedia Tools and Applications. 2018. pp.

1-24.

[22] SPEICHER M, HELL P, DAIBER F, et al. A virtual reality shopping experience using the apartment metaphor. In: Proceedings of the international conference on advanced visual interfaces. 2018. pp. 1-9.

[23] NANJAPPAN V, LIANG H N, LU F Y, et al. User-elicited dual-hand interactions for manipulating 3D objects in virtual reality environments. Hum Comput Inf Sci. 2018. 8(31):1-16.

[24] WU H Y, LUO W Z, PAN N, et al. Understanding freehand gestures: A study of freehand gestural interaction for immersive VR shopping applications. Human-centric Computing and Information Sciences. 2019. 9:43. pp. 1-26.

[25] BOWMAN D A, KRUIJFF E, LAVIOLA J, et al. 3D user interfaces: theory and practice. Addison Wesley Longman Publishing Co. , Inc, Redwood City. 2004.

[26] WU H Y, GAI J X, WANG Y, et al. Influence of cultural factors on freehand gesture design. International Journal of Human- Computer Studies. 2020. 143. (102502). pp. 1-14.

[27] JANE L E , ILENE L E, LANDAY J A et al. Drone & Wo: Cultural Influences on Human-Drone Interaction Techniques. In: CHI'17. 2017. pp. 6794-6799.

[28] WU H Y, FU S Q, YANG L Q Q, et al. Exploring frame-based gesture design for immersive VR shopping environments. Behaviour & Information Technology. 2020. pp. 1-23.

[29] JOHNSON M. The body in the mind. The university of Chicago press. 1987.

[30] CARROLL J M. Scenario-based design: envisioning work and technology in system development. John Wiley & Sons, Inc. New York, NY. 1995.